绿色农业技术推广丛书

无土栽培

WUTU ZAIPEI

冷 鹏 主编

化学工业出版社

·北京·

本书以"指导无土栽培高效化，进入寻常百姓家"为宗旨，突出新成果、新技术与传统经验和常规技术的有机结合。全书针对生产实际，系统介绍了无土栽培关键技术，主要包括无土栽培设施选择和建造、环境条件要求和温湿度调控、基质选用和营养液配制、工厂化无土栽培生产与经营、蔬菜和花卉的无土栽培、家庭阳台无土栽培等关键技术和实际应用。

　　本书重点突出，内容新颖，技术先进，科学实用，浅显易懂，适合从事无土栽培生产的科技人员和无土栽培爱好者参考，也可供高等学校相关专业师生参阅。

图书在版编目（CIP）数据

　　无土栽培/冷鹏主编．—北京：化学工业出版社，2015.9（2022.10重印）
　　（绿色农业技术推广丛书）
　　ISBN 978-7-122-24860-2

　　Ⅰ．①无⋯　Ⅱ．①冷⋯　Ⅲ．①无土栽培　Ⅳ．①S317

　　中国版本图书馆 CIP 数据核字（2015）第 184203 号

责任编辑：刘兴春　　　　　　　　文字编辑：李　曦
责任校对：王素芹　　　　　　　　装帧设计：孙远博

出版发行：化学工业出版社（北京市东城区青年湖南街 13 号　邮政编码 100011）
印　　装：天津盛通数码科技有限公司
850mm×1168mm　1/32　印张 7　字数 166 千字
2022 年 10 月北京第 1 版第 13 次印刷

购书咨询：010-64518888　　　　　　　售后服务：010-64518899
网　　址：http://www.cip.com.cn

定　　价：25.00 元　　　　　　　　　　版权所有　违者必究

前 言 FOREWORD

无土栽培（Soilless Culture）是指不用土壤而用营养液或固体基质加营养液栽培作物的方法。它是继20世纪60年代世界农业上的"绿色革命"之后兴起的一场新的"栽培革命"，改变了自古以来农业生产依赖于土壤的种植习惯，把农业生产推向工业化生产和商业化生产的新阶段，成为未来农业的雏形。实践证明，无土栽培具有节水、节能、省工、省肥、减少环境污染、防止连作障碍、产品无污染及高产、高效等一系列特点。

早在第二次世界大战期间，西方国家就应用无土栽培（无土栽培人才）技术生产蔬菜供应部队。到20世纪60年代，无土栽培技术在发达国家得到广泛应用。70年代后，出现了营养液膜技术（NFT），生产成本有所下降，后来又出现多种人工基质，其中岩棉的应用较广，发展迅速。美国是世界上最早进行无土栽培商业化生产的国家。

现在世界上商业性无土栽培是以基质栽培为主。世界各国采用无土栽培主要生产蔬菜、花卉和水果，在欧盟国家温室蔬菜、水果和花卉生产中已有80%采用无土栽培方式。发达国家已经实现了采用计算机实施自动测量和自动控制，先进国家又采用了专家系统的最新技术，应用知识工程总结专家的知识和经验，使其规范化、系统化。目前，无土栽培技术发展有两种趋势：一种是高投资、高技术、高效益类型，如荷兰、日本等发达国家，无土栽培生产实现了高度机械化，通过计算机调控实现一条龙的工厂化生产和产品周年供应，经济效益显著；另一种趋势是以发展中国家为主，以中国为代表，就地取材，手工操作，采用简易的设备，节约生产，解决人民的基本生活需要。如何掌握无土栽培的关键技术已成为当前急需。

本书是建立在专业研究成果基础上，广泛借鉴无土栽培最新技术资料编写而成。针对生产实际和读者需要，系统介绍了无土栽培设施的建造、基质的选择与处理、营养液的配制与管理、环境条件要求与调控、育苗技术等；针对实际操作，重点介绍了工厂化无土栽培的生产与经营、蔬菜、花卉等植物的无土栽培，家庭阳台无土栽培等系列应用技术。对于当前省力省工和简化的开展无土栽培，具有先进性、指导性和实用性，对我国无土栽培健康发展提供科学技术参考。

全书以现代栽培关键技术为主线，内容新颖，重点突出，技术先进，科学实用，浅显易懂，适合从事无土栽培管理的科技人员、无土栽培爱好者参考，也可供高等学校相关专业师生参阅。

本书在编写过程中，得到了多位同行的帮助，在此表示感谢，由于篇幅有限，不一一列出，敬请谅解！

限于编者编写时间和水平，书中难免有疏漏和不足之处，敬请广大读者批评指正！

编者电子信箱：hongqi366@126.com。

编者

2015 年 5 月

目 录 CONTENTS

第一章 概　述

随着现代科技的不断发展，给当今社会创造了不少的财富，也给各个领域的发展创造了大量契机，继而推动整个社会的飞速前进。农业无疑是社会发展的一个重要方面，农业的发展直接关系到了世界人民的物质保障。而现在各种问题的产生，在农业领域也有了很多矛盾，如环境污染、土地沙化、淡水危机等无疑都为农业带来不小的挑战。农业生产，需要增加更多出路。在科技的引领下，无土栽培技术渐渐地投入使用，无论是规模化还是家庭化都吸引着不少人的注意力。无土栽培以人工制造的作物根系环境取代了土壤环境，可有效解决传统土壤栽培中难以解决的水分、空气、养分的供应矛盾，使作物根系处于最适宜的环境条件，从而充分发挥作物的增产潜力。目前，世界上应用无土栽培技术的国家和地区已达 100 多个，由于其栽培技术的逐渐成熟和发展，应用范围和栽培面积也不断扩大，经营与技术管理水平空前提高，实现了集约化、工厂化生产，达到了优质、高产、高效和低耗的目的。

第一节　无土栽培的含义与类型

一、无土栽培的含义

无土栽培（Soilless Culture）是指不用土壤而用营养液或固体基质加营养液栽培作物的方法。它是继 20 世纪 60 年代世界农业上的"绿色革命"之后兴起的一场新的"栽培革命",改变了自古以来农业生产依赖于土壤的种植习惯,把农业生产推向工业化生产和商业化生产的新阶段,成为未来农业的雏形。其核心是不使用天然土壤,植物生产在装有营养液的栽培装置中或者生长在含有有机肥或充满营养液的固体基质中,这种人工创造的植物根系环境,不仅能满足植物对矿质营养、水分和空气条件的需要,而且能人为地控制和调整,来满足甚至促进植物的生长发育,并发挥它的最大生产能力,从而获得最大的经济效益或观赏价值。国外有些学者认为无土栽培主要指营养液栽培,所以无土栽培有时又称营养液栽培、水培、水耕、溶液栽培、养液栽培等。目前我国广泛应用的有机基质无土栽培技术,特别是有机生态型无土栽培技术,大大降低了一次性投资和生产成本,简化了操作技术,无土栽培内涵也发生了变化。

无土栽培的理论基础是 1840 年德国化学家李比希提出的矿质营养学说(即植物以矿物质作为营养)。通过对无土栽培技术原理、栽培方式和管理技术的不断研究与实践,无土栽培逐渐从园艺栽培学中分离出来并独立成为一门综合性应用科学,成为现代农业新技术与生物科学、作物栽培相结合的边缘科学。只有学习掌握好植物及植物生理学、农业化学、作物栽培学、材料学、计算机应用技术、环境控制等相关知识,并结合生产实践、观察和操作,才能理解和掌握无土栽培原理与技术。

二、无土栽培的类型

虽然无土栽培类型很多,却没有统一的分类法。按是否使用基质以及基质特点,可分为基质栽培和无基质栽培;按其消耗能源多少和对环境生态条件的影响,可分为有机生态型和无机耗能型无土栽培。如图 1-1 所示。

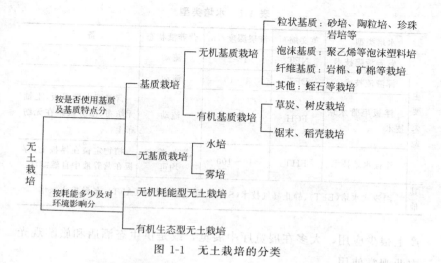

图 1-1　无土栽培的分类

（一）无基质栽培

无基质栽培是指植物根系生长在营养液或含有营养液的潮湿空气中，但育苗时可能采用基质育苗方式，用基质固定根系。这种方式可分为水培和雾培两大类。

1. 水培

水培主要特征是植物大部分根系直接生长在营养液的液层中。根据营养液液层的深度不同分为多种形式（表 1-1）。水培类型各有优缺点，宜根据不同地区的经济、文化、技术水平的实际来选用。

2. 雾培

雾培又称喷雾培或气培，它是将营养液用喷雾的方法，直接喷到植物根系上。根系悬挂在容器中，容器内部装有自动喷雾装置，每隔一定时间将营养液从喷头中以雾状形式喷洒到植物根系表面，营养液循环利用，这种方法可同时解决根系对养分、水分和氧气的需求。但因设备投资大，管理技术高，根际温度受气温影响大，生

表 1-1　水培类型

	水培类型	英文缩写	液层深度/cm	营养液状态	备　注
主要类型	营养液膜技术	NFT	1~2	流动	
	深液流技术	DFT	4~10	流动	
	浮板毛管水培技术	FCH	5~6	流动	营养液中有浮板,上铺无纺布,部分根系在无纺布上
	浮板水培技术	FHT	10~100	流动、静止均可	植物定植在浮板上,浮板在营养液中自然漂浮
其他	潮汐式水培(EFT)、静止暴气技术(SAT)、暴气液流技术(AFT)、各种静止水培				

产上很少应用,大多在展览厅中展览,或是供生态酒店和旅游观光农业观赏使用。

(二) 基质栽培

基质栽培简称基质培,是指植物根系生长在各种天然或人工合成的基质中,通过基质固定根系,并向植物供应养分、水分和氧气的无土栽培方式。基质培的最大特点是,有基质固定根系并借以保持和供应营养和空气,在多数情况下,水、肥、气三者协调,供应充分,设备投资较低,便于就地取材进行生产,生产性能优良而稳定。缺点是基质占用部分投资,体积较大,填充、消毒再利用费用较高,费时费工,后续生产资料消耗较大。根据基质种类不同,基质培分为无机基质栽培、有机基质栽培和复合基质栽培;根据栽培形式的不同分为槽、箱培和盆培、袋培、立体栽培。

1. 无机基质栽培

无机基质栽培是指用河沙、岩棉、珍珠岩、蛭石等无机物作基质的无土栽培方式。应用最广泛的首推岩棉,在西欧、北美基质栽培中占绝大多数。我国常用的基质有珍珠岩、蛭石、煤渣、沙等。陶粒则大多在种花时使用。目前,无机基质栽培发展最快,应用范围广。常见无机基质栽培有沙培、砾培、蛭石培、珍珠岩培、岩棉培、砂砾培、木屑培等。

2. 有机基质栽培

有机基质栽培是指用草炭、木屑、稻壳、树皮、椰糠、菇渣等有机物作为基质的无土栽培方式。由于这类基质为有机物，所以在使用前多做发酵处理，以保持理化性状的稳定，达到安全使用的目的。根据不同地区资源状况，选择合适的有机基质栽培方式。

3. 复合基质栽培

把有机、无机基质按适当比例混合后，即形成复合基质，可改善单一基质的理化性质，提高使用效果，而且可就地取材，复合基质配方选择的灵活度较大，因而基质成本较低。复合基质栽培是我国应用最广、成本最低、使用效果较稳定的无土栽培方式。

（三）有机生态型无土栽培与无机耗能型无土栽培

有机生态型无土栽培，是指全部使用固态有机肥代替营养液，灌溉时只浇清水，排出液对环境无污染，能生产合格的绿色食品，因而应用前景广阔。无机耗能型无土栽培，是指现在全部用化肥配制营养液，营养液循环中耗能多，灌溉排出液污染环境和地下水，生产出的食品，硝酸盐含量超标。

第二节　无土栽培的特点、要求与应用范围

无土栽培作为一项农业高新技术，可按需供水供肥，能有效调控栽培环境，具有土壤栽培无法比拟的优越性，发展潜力大，但同时也存在着不足，只有充分认识其特点，才能正确评价无土栽培技术，合理把握其应用范围和价值，从而做到恰当应用无土栽培技术，发挥其最大效能。

一、无土栽培的特点

（一）优点

无土栽培从栽培设施到环境控制都能做到根据作物生长发育的需要进行监测和调控，可使蔬菜、花卉等植物完全按照人类的需要进行生产，避开季节、地理的不良影响，做到周年生产，周年供应。无土栽培的优点和效益主要集中在如下几个方面。

1. 产量高、效益大、品质好、价值高

无土栽培的突出优点是产量高、效益大。无土栽培和设施园艺相结合，能合理调节植物生长的光、温、水、气、肥等环境条件，尤其人工创造的根际环境能妥善解决水气矛盾，使植物的生长发育过程更加协调，所以能充分发挥其生长潜能，取得高产。与土壤栽培相比，无土栽培的植株生长速度快、长势强，如西瓜播种后60天，其株高、叶片数、相对最大叶面积分别为土壤栽培的3.6倍、2.2倍和1.8倍。植物产量也成倍地提高（表1-2）。

表1-2　几种作物无土栽培与土壤栽培的产量比较

作物	土壤栽培/(千克/亩)	无土栽培/(千克/亩)	相差倍
菜豆	833	3500	4.2
豌豆	169	1500	9.0
小麦	46	311	6.8
水稻	76	379	5.0
马铃薯	1212	11667	9.6
莴苣	667	1867	2.8
黄瓜	523	2087	4.0

注：1亩=666.7平方米。

无土栽培的绿叶菜生长速度快，叶色浓绿，幼嫩肥厚，粗纤维含量少，维生素C含量高；果菜类商品外观整齐、开花早、结果

多、着色均匀、口感好、营养价值高；如无土栽培的番茄可溶性固形物比土壤栽培多280%，维生素C含量则由18毫克/100克增加到35毫克/100克，总酸增加3倍，硬度达到6.4千克/平方厘米，比土壤栽培提高1倍，维生素A的含量也稍有增加，干物质含量增加近1倍（表1-3）。无土栽培的香石竹香味浓郁，花期长，开花数多，单株年均开9朵花（土培5朵），裂萼率仅为8%（土培90%），无土栽培的仙客来花茎粗，花瓣多，商品质量高，且能提早上市。

表 1-3 新鲜番茄的矿质元素含量（鲜重的百分含量）

种植方式	钙/%	磷/%	钾/%	硫/%	镁/%
土耕栽培	0.20	0.21	0.99	0.06	0.05
无土栽培	0.28	0.33	1.63	0.11	0.10

2. 省水、省肥、省地、省力、省工

无土栽培通过营养液按需供应水肥，能大幅度减少土壤灌溉水分、养分的流失、渗漏和土壤微生物的吸收固定，充分被植物吸收利用，提高利用率。无土栽培耗水量只有土壤栽培的1/10～1/4，一般可节水70%以上（表1-4），是发展节水型农业的有效措施之一。全世界土壤栽培肥料利用率大约只有50%，我国的肥料利用率只有30%～40%。而无土栽培按需配制和循环供应营养液，肥料利用率达90%以上，即使是开放式无土栽培系统，营养液的流失也很少，从而大大降低生产成本。无土栽培不需中耕、翻地、锄草等作业，加上计算机和智能系统的使用，逐步实现了机械化和自动化操作，节省人力和工时，提高了劳动生产率，与工业生产的方式相似。另外，可以立体种植植物，提高了土地利用率。日本称无土栽培为"健幸乐美"农业。

表 1-4　茄子的不同栽培方式的产量与耗水量

栽培方式	茄子产量/千克	水分消耗/千克	每千克茄子所需水量/千克
土培	13.05	5250	200
水培	21.50	1000	23
气培	34.20	2000	26

3. 病虫害少，生产过程可实现无公害化

无土栽培属于设施农业，在相对封闭的环境条件下进行，可人为严格控制生长条件，为植物生长提供了相对无菌和减少虫源的环境，在一定程度上避免了外界环境和土壤病原菌及害虫对植物的侵袭，加之植物生长健壮，因而病虫害轻微；种植过程中可少施或不施农药，不存在土壤种植中因施用有机粪尿而带来的寄生虫卵及重金属、化学有害物质等公害污染。肥料利用率高，使用过的营养液可二次利用或直接排到外界，通常不会对环境造成二次污染。

4. 避免土壤连作障碍

设施土壤栽培常由于植物连作导致土壤连作障碍，而传统的处理方法如换土、土壤消毒、灌水洗盐等局限性大，效果不理想，而被动地不断增加化肥用量和不加节制地大量使用农药，又造成生产成本不断上升，环境污染日趋严重，植物产量、品质和效益急速下滑，甚至停种。无土栽培可以从根本上避免和解决土壤连作障碍的问题，每收获一茬后，只要对栽培设施进行必要的清洗和消毒就可以马上种植下一茬作物。

5. 极大拓展农业空间

无土栽培使作物生产摆脱了土壤的约束，可极大扩展农业生产的可利用空间且不受地域限制。在荒山、河滩、海岛、沙漠、石山等不毛之地，以及城市的阳台和屋顶，河流、湖泊及海洋上，甚至宇宙飞船上都可以进行无土栽培。在温室等园艺设施内可发展多层

立体栽培，充分利用空间，挖掘园艺设施的农业生产潜力。

6. 有利于实现农业现代化

无土栽培可以按照人的意志进行生产，所以是一种"受控农业"，有利于实现农业机械化、自动化，从而逐步走向工业化、现代化。目前一些发达国家，已进入微电脑时代，供液及营养液成分的调控，全用计算机管理，在奥地利、荷兰、俄罗斯、美国、日本等国都有"水培工厂"，是现代化农业的标志。我国近十年来引进和兴建的现代化温室及配套的无土栽培技术，有力推动了我国农业现代化的进程。

（二）缺点

1. 一次性投资较大，运行成本高

只有具备一定的设施设备条件才能进行无土栽培，而且设施的一次性投资较大，尤其是大规模、集约化、现代化无土栽培生产投资更大。在目前我国社会经济水平条件下，依靠种植作物回收投资是很难的。无土栽培生产所需肥料要求严格，营养液的循环流动、加温、降温等消耗能源，生产运行成本较土壤栽培要大。高昂的运行费用迫使无土栽培生产出高附加值的园艺经济作物和高档的园艺产品，以求高额的经济回报。另外，必须因地制宜，结合当地的经济水平、市场状况和可利用的资源条件选择适宜的无土栽培设施和形式。近年来，我国陆续研制出一些节能、低耗的简易无土栽培形式，大大降低了投资成本和运行费用。如浮板毛管水培技术、鲁SC型无土栽培、有机生态型无土栽培、袋培、立体栽培等都具有投资小、运行费用低、实用的特点。

2. 技术要求较高

无土栽培过程的营养液配制、供应、调控技术较为复杂，要求管理人员具备相应的知识和技能，有较高的职业素质。但采用自动化设备、选用厂家生产的专用无土栽培肥料、采取简易无土栽培形式（如有机基质培等），可大大简化管理技术难度。

　　3. 管理不当，易发生某些病害的迅速传播

　　无土栽培生产属设施农业，相对密闭的栽培环境湿度大，光照相对较弱，而水培形式中根系长期浸于营养液中，若遇高温，营养液中含氧量急减，根系生长和功能受阻，地上部环境高温高湿，病菌等易快速繁殖侵染植物，再加上营养液循环流动极易迅速传播，导致种植失败。如果栽培设施、种子、基质、器具、生产工具等消毒不彻底，操作不当，易造成病原菌的大量繁殖和传播。无土栽培的营养液在使用过程中缓冲能力差，水肥管理不当容易出现生理性障碍。因此，进行无土栽培时必须加强管理，规范操作，记录全面、详细，以便复查核对，在出现问题时找出原因，及时解决。

二、无土栽培的一般要求

　　（一）要求比较严格的标准化技术

　　无土栽培所用营养液缓冲性能极低，作物的根际环境条件控制是否适当成为决定栽培成败的关键。营养液栽培中存在的一些问题，都与根际环境管理密切相关。虽然土壤栽培也会发生类似的问题，但相比较而言却要缓和得多。因此，无土栽培对环境条件的控制与调节要求比较严格，而且管理方法也与土培不完全一样。只要我们掌握无土栽培的规律性，摸清各种环境因子对植物影响及其相互间的关系，制定出合理的标准化技术措施，就能获得更好的栽培效果。

　　（二）必须有相应的设备和装置

　　无土栽培除了要求有性能良好的环境保护设施之外，还需要一些专门设施、设备，以保证营养液的正常供给及调节，例如，采用循环供液时，必须有储液池、栽培槽、营养液循环管道及水泵等无土栽培设施。为了比较准确地判断与掌握营养液的浓度变化、供液

量及供液时期，需要有相应的测定仪器，如电导仪、pH 计等。当然，土培时为使栽培管理科学化，也需要相应的设备及检测设备，但不如无土栽培要求严格。

（三）按营养液栽培规律掌握关键措施

为了获得最好的栽培效果，必须最大限度地满足作物高产所需要的条件。无土栽培虽不能像土培一样采取合理蹲苗的技术措施来调节作物地上部与地下部、营养生长与生殖生长的关系，但可通过调节营养液浓度，控制供液量，增加供氧量，合理调节气温，以及应用生长抑制剂等措施来调节它们之间的关系；无土栽培要特别重视营养液 pH 值的调节，往往会因 pH 值不当而产生多种生理性障碍。

为了减少某些侵染性及生理性病害对生产造成损失，无土栽培较土培更加强调"以防为主"的原则。原因是无土栽培病害发生较快，甚至呈现爆发性的特点，一旦发生病害，即使采取有力措施加以控制，作物的生长发育也会受到很大的影响而造成减产；无土栽培施用大量药剂，容易造成药害；在无土栽培实行标准化技术措施的前提下，以预防为主常能取得较好的效果。

无土栽培生长速度快，从而为作物提早收获、缩短生长期、增加产量提供了有利条件，但有时也会对作物的平衡生长，特别是地上部与地下部、同化器官与经济器官之间生育上的平衡产生不良影响。例如，无土育苗时，若不注意控制，则幼苗徒长，花芽分化延迟，抗性减弱，幼苗质量降低。因此，在无土栽培中，必须很好地利用"生长快"的有利一面，通过温度、营养液供给量及浓度等多方面的控制，使植株向健康方向发展，为高产奠定基础。"控"只有和"促"相结合，才能收到合理调节的效果。

三、无土栽培的应用范围

无土栽培是在可控条件下进行的，完全可以代替土培，但它的推广应用受到地理位置、经济环境和技术水平等诸多因素的限制，在现阶段或今后相当长的时期内，无土栽培不能完全取代土培，其应用范围有一定的局限性。因此，要从根本上把握无土栽培的应用范围和价值。

（一）用于高档园艺产品的生产

当前多数国家用无土栽培生产洁净、优质、高档、新鲜、高产的无公害蔬菜产品，多用于反季节和长季节栽培。露地很难栽培，产量和质量较低的七彩甜椒、高糖生食番茄、迷你番茄、小黄瓜等可用无土栽培生产，供应高档消费或出口创汇，经济效益良好。另外，切花、盆花无土栽培的花朵较大，花色鲜艳，花期长，香味浓，尤其是家庭、宾馆等场所无土栽培盆花深受消费者欢迎。草本药用植物和食用菌无土栽培，同样效果良好。

（二）在不适宜土壤耕作的地方应用

在沙漠、盐碱地等不适宜进行土壤栽培的不毛之地可利用无土栽培大面积生产蔬菜和花卉，具有良好的效果。例如，新疆吐鲁番西北园艺作物无土栽培中心在戈壁滩上兴建了112栋日光温室，占地面积34.2公顷，采用沙基质槽式栽培，种植蔬菜作物，产品在国内外市场销售，取得了良好的经济和社会效益。

（三）在土壤连作障碍严重的保护地应用

无土栽培技术作为解决温室等园艺保护设施土壤连作障碍的有效途径被世界各国广泛应用。适合我国国情的各种无土栽培形式在设施园艺上的应用，同样成为彻底解决土壤连作障碍问题的有效途径。在我国设施园艺迅猛发展的今天，更具有其重要的意义。

（四）在家庭园艺中应用

利用小型无土栽培装置，利用家庭阳台、楼顶、庭院、居室等空间种菜养花，既有娱乐性又有一定的观赏和食用价值，便于操作、洁净卫生，可美化环境，适应人们想要返璞归真、回归自然的心理，是一种典型的"都市农业"和"室内园艺"栽培形式。

（五）在观光农业、生态农业和农业科普教育基地应用

观光农业是近几年兴起的一个新的产业，是一个新的旅游项目；大小不同的生态酒店、生态餐厅、生态停车场、生态园的建设，成为倡导人与自然和谐发展新观念的一大亮点；高科技示范园则是向人们展示未来农业的一个窗口；许多现代化无土栽培基地已成为中小学生的农业科普教育基地。而无土栽培是这些园区或景观采用最多的栽培方式，尤其是一些造型美观、独具特色的立体栽培方式，更受人们青睐。

（六）在太空农业上应用

在太空中采用无土栽培绿色植物生产食物是最有效的方法，无土栽培技术在航天农业上的研究与应用正发挥着重要的作用。如美国肯尼迪宇航中心用无土栽培生产太空中宇航员所需的一些粮食和蔬菜食物已获成功，并取得了很好的效果。

第三节　无土栽培与绿色食品蔬菜生产

生产绿色食品蔬菜是当前蔬菜产业发展的方向，无土栽培作为一种先进的栽培技术，是生产绿色食品蔬菜的重要手段。只有对绿色食品蔬菜的概念、标准有较为深入的理解，才能正确给无土栽培定位，从而更好地运用这一技术。

一、绿色食品蔬菜的概念和标准

（一）绿色食品的概念

绿色食品是无污染、优质、营养类食品的总称。由于与环境保护有关的事物通常都冠以"绿色"，为了更加突出这类食品出自良好的生态环境，因而命名为绿色食品。根据中国绿色食品发展中心

的规定，绿色食品分为 AA 级和 A 级两种。

1. AA 级绿色食品

AA 级绿色食品系指在生态环境质量符合规定标准的产地，生产过程中不使用任何化学合成物质，按特定的生产操作规程生产、加工，产品质量及包装经检测、检查符合特定标准，并经专门机构认定，许可使用 AA 级绿色食品标志的产品。

2. A 级绿色食品

A 级绿色食品系指在生态环境质量符合规定标准的产地，生产过程中允许限量使用限定的化学合成物质，按特定的生产操作规程生产、加工，产品质量及包装经检测、检查符合特定标准，并经专门机构认定，许可使用 A 级绿色食品标志的产品。

考虑到我国当前农业生产的具体条件，A 级绿色食品生产，可以限量使用少量化肥和农药，以不超过规定的标准为度。但化肥中的硝酸盐仍然是严加限制的。

（二）绿色食品标准体系的构成内容

绿色食品标准以全程质量控制为核心，由 6 个部分构成。

1. 绿色食品产地环境质量标准

即《绿色食品产地环境质量标准》及《绿色食品产地环境质量评估纲要》。强调绿色食品必须产自良好的生态环境地域，以保证绿色食品最终产品的无污染、安全；促进对绿色食品产地环境的保护和改善。

主要标准是：生产基地的大气必须清洁，日平均二氧化硫不得超过 0.05 毫克/立方米，氮氧化物不得超过 0.05 毫克/立方米，总悬浮微粒不得超过 0.15 毫克/立方米，氟在 7 微克/（立方分米·天）以内。农田灌溉用水的质量标准为 pH 值在 5.5～8.5 之间。水中的重金属和有害化合物不得超过以下标准：$Hg < 0.001$ 毫克/升，$Cd < 0.005$ 毫克/升，$As < 0.05$ 毫克/升，$Pb < 0.05$ 毫克/升，

Cr<0.1毫克/升，氯化物<250毫克/升，氟化物<0.5毫克/升，氰化物<0.5毫克/升。此外，各种土壤中重金属及有害物质，均有明确的规定。

2. 绿色食品生产技术标准

绿色食品生产过程的控制是绿色食品质量控制的关键环节。绿色食品生产技术标准是绿色食品标准体系的核心，它包括绿色食品生产资料使用准则和绿色食品生产技术操作规程两部分。

（1）绿色食品生产资料使用准则 绿色食品生产资料使用准则是对生产绿色食品过程中物质投入的一个原则性规定，包括《生产绿色食品的农药使用准则》、《绿色食品的肥料使用准则》、《绿色食品的食品添加剂使用准则》等，对允许、限制和禁止使用的生产资料及其使用方法、使用剂量、使用次数和休药期等作出了明确规定。

（2）绿色食品生产技术操作规程 绿色食品生产技术操作规程是以上述准则为依据，按作物种类和不同农业区域的生产特性分别制定的，用于指导绿色食品生产，规范绿色食品生产技术。

3. 绿色食品产品标准

该标准是衡量绿色食品最终产品质量的指标尺度。食品的外观品质、营养品质与普通食品的国家标准一样，但其卫生品质要求高于国家现行标准，主要表现在对农药残留和重金属的检测项目种类多、指标严。绿色食品产品标准反映了绿色食品生产、管理和质量控制的先进水平，突出了绿色食品产品无污染、安全的卫生品质。目前已经出台的有绿色食品黄瓜、绿色食品番茄、绿色食品菜豆、绿色食品芸豆等蔬菜的产品标准。

4. 绿色食品包装标签标准

该标准规定了进行绿色食品产品包装时应遵循的原则，包装材料选用的范围、种类、包装上的标识内容等。要求产品包装从原料、产品制造、使用、回收和废弃的整个过程都应有利于食品安全和环境保护，包括包装材料的安全性、牢固性，节省资源、能源，减少或避免废弃物产生，易回收，可循环利用，可降解等具体要求和内容。

绿色食品产品标签除要符合国家《食品标签通用标准》外，还要符合《中国绿色食品商标标志设计使用规范手册》的规定，该手册对绿色食品的标准图形、标准字形、图形和字体的规范组合、标准色、广告用语以及在产品包装标签上的规范应用均作了具体规定。

5. 绿色食品储藏、运输标准

该项标准对绿色食品储运的条件、方法、时间作出了规定，以保证绿色食品在储运过程中不遭受污染、不改变品质，并有利于环保和节约能源。

6. 绿色食品其他相关标准

其他相关标准包括"绿色食品生产资料"认定标准、"绿色食品生产基地"认定标准等，这些标准都是促进绿色食品质量控制管理的辅助标准。

以上 6 项标准对绿色食品产前、产中和产后全过程质量控制技术和指标作了全面的规定，构成了一个科学、完整的标准体系。

二、无土栽培在绿色食品蔬菜生产中的作用

目前，一般认为地理环境质量、操作规程、产品卫生和包装标准都合格的情况下，只有"有机生态型无土栽培"能生产出 AA 级的绿色食品。其他用营养液灌溉的无土栽培系统是不能生产合格的绿色食品的，却可以达到蔬菜无公害的标准。

第四节　无土栽培的发展概况与展望

无土栽培技术从 19 世纪 60 年代提出模式至今已走过 150 余年

的发展历程。20 世纪 60 年代以后，随着温室等设施栽培的迅速发展，在种植业形成了一种新型农业生产方式——可控环境农业（Controlled Environment Agriculture，CEA），特别是近二十几年的发展非常迅速，无土栽培作为 CEA 中的重要组成部分和核心技术，随之得到迅速发展，充分吸收传统农业技术中的精华，广泛采用现代农业技术、信息技术、环境工程技术及材料科学技术等，已发展为设施齐全的现代化高新农业技术，已成为设施生产中一项省工、省力、能克服连作障碍、实现优质高效农业的一种理想模式，该项技术已在世界范围内广泛研究和推广应用，一些发达国家的发展应用更为突出。

世界上许多国家和地区先后设立了无土栽培技术研究和开发机构，专门从事无土栽培的基础理论和应用技术方面的研究和开发工作。国际上无土栽培技术的学术活动非常活跃，1955 年在第十四届国际园艺学会上成立了国际无土栽培工作组（International Working Group on Soilless Culture，IWGSC），隶属于国际园艺学会，并于 1963 年、1969 年、1973 年、1976 年先后召开四届国际无土栽培学会。1980 年国际无土栽培工作组改名为"国际无土栽培学会"（Interna-Tional Society Of Soilless Culture，ISOSC），以后每四年举行一次国际无土栽培学会的年会，对推动世界无土栽培技术的发展起了重要作用，标志着无土栽培技术的研究与应用已进入一个崭新的阶段。

一、国外无土栽培的发展概况与展望

国外无土栽培最早渊源于德国的萨克斯和克诺普等科学家们先后应用营养液进行的植物生理学方面的试验，到 1920 年营养液的制备达到标准化，但无土栽培仍停留在实验室中，直到 1929 年美国加利福尼亚大学的格里克（W. F. Gericke）才真正将这一技术应用于生产，他利用自己设计的植物无土栽培装置成功地种出一株植株高 7.5 米，单株果实重量达 14.5 千克的水培番茄，在科技界引起了轰动，同时对全世界无土栽培的兴起和发展亦产生了深远的影响，以后，美国又试验成功沙培、砾培技术。

20 世纪 50 年代以后无土栽培开始进入实际应用阶段。从这个时期起意大利、西班牙、法国、英国、瑞典、以色列、前苏联等国广泛开展了研究并实际应用，到 20 世纪 60 年代无土栽培出现了蓬勃发展的局面。

美国首先将无土栽培用于商业化生产，虽然目前无土栽培面积不大，且多集中在干旱、沙漠地区，但美国的无土栽培技术家庭普及率高，开发出大量小规模、家用型的无土栽培装置，其无土栽培研究、重点放在太空农业中的无土栽培技术上。日本无土栽培始于 1946 年，以水培和砾培为主，水培技术国际领先，其中深液流栽培技术独自开发，现已演化出多种形式，到 1993 年无土栽培面积达到 690 公顷，主要栽培草莓、番茄、青椒、黄瓜、甜瓜等作物。

荷兰无土栽培面积已达 3000 公顷以上，是世界无土栽培发达国家之一，主要栽培形式是岩棉培，占无土栽培总面积的 2/3，主要种植番茄、黄瓜、甜椒和花卉。英国最早发明并应用营养液膜技术，目前正被岩棉培取代，以生产蔬菜为主，种植黄瓜的面积最大。

无土栽培技术的发展，使人类对作物不同生育时期的整个环境（地上和地下）条件进行精密控制成为可能，从而使农业生产有可能彻底摆脱自然条件的制约，按照人类的愿望，向着空间化、机械化、自动化和工厂化的方向发展，将会使农作物产量和品质得以大幅度提高。

欧洲、北美、日本等技术先进的国家，在解决农业人口逐年减少，劳动力逐年老龄化，劳动成本逐年加大等，这些问题的对策就是实行栽培设施化、作业机械化、控制自动化，无土栽培将成为其重要的解决途径和关键技术。对于发达国家，既有技术和设施，资金又雄厚，无土栽培必定向着高度设施化、现代化方向发展。植物工厂就是精密的无土栽培设施，它具有生产回转率高，产品洁净、无公害等优点。1981 年在英国北部坎伯来斯福尔斯建成世界上最大的"番茄工厂"，面积为 8 公顷。美国的怀特克公司、艾克诺公司，加拿大的冈本农园，日本的富士农园、三浦农园、原井农园等都有已进入实用化的植物工厂。

地球上人口不断膨胀，耕地急速缩减，耕地已成为一种极为宝贵的不可再生资源。由于无土栽培可以极大拓展农业生产空间，这对于缓和地球上日益严重的土地问题，有着深远的意义。海洋、太空已成为无土栽培技术开发利用的新领域，将进一步扩大人类的生存空间。另外，水资源的紧缺也随着人口的不断增长日显突出，无土栽培避免了水分的渗漏和流失，将成为节水型农业的途径之一。可以说无土栽培是高科技农业、都市农业、娱乐观光农业、高效农业、节水农业和生态环保型农业。

二、我国无土栽培的发展概况与展望

我国古老的无土栽培，常见于各种豆芽的生产，以及利用盘、碟、器皿培养水仙花和蒜苗，利用盛水的花瓶插花，利用船尾水面种菜等。从其栽培方式而言，都应视为广义的无土栽培。在以后的较长时期内，无土栽培被应用于各类肥料以及植物生理方面的试验等。

20 世纪 70 年代我国才开始逐渐在生产中应用无土栽培技术。最初是进行蔬菜和水稻的营养液育苗。20 世纪 80 年代随着我国改革开放和旅游业的发展，各开放城市、港口的涉外单位对洁净、无污染的生食菜的需求骤增，农业部及时组织"七五""八五"科技攻关，研究开发了符合国情国力的无土栽培设施与配套技术。北京的蛭石袋培与有机基质培，江苏的岩棉培和简易 NFT 培，浙江的稻壳熏炭基质培和深水培，深圳、广州的深水培和椰壳渣基质培等均各具特色。其中，中国农业科学院蔬菜花卉研究所推出的有机生态型无土栽培技术，具国际领先水平，江苏省农业科学院和南京玻纤院合作研制成功的农用岩棉和岩棉培技术填补了我国该领域空白并已投产。北京、上海、天津、南京、沈阳、杭州、广州、深圳、厦门、珠海及胜利油田等示范栽培的面积也已具一定规模。此外，无土栽培技术在阳台园艺栽培和有关试验中的应用亦初见成效。由中国农业科学院蔬菜花卉研究所研究开发的无土栽培芽苗菜的生产亦发展很快。"九五"期间，我国又将"工厂化高效农业示范工程"作为国家重大科技示范工程项目，组织全国攻关。无土栽培技术研究的部门和单位已达 50 多个，无土栽培的作物包括蔬菜、花卉、西瓜、甜瓜、草莓等 20 种之多，我国无土栽培面积也由 1996 年的 100 公顷，扩大到 500 公顷以上，现仍处在蓬勃发展的势头。从栽培形式上，南方以广东为代表，以深液流水培为主，槽式基质培也有一定的发展，有少量的基质袋培；东南沿海长江流域以江浙沪为代表，以浮板毛管、营养液膜水培为主，近年来有机基质培发展迅速，有一部分深液流水培；北方广大地区以基质培为主，有部分进口岩棉培，北京地区有少量的深液流浮板水培，无土栽培面积最大的新疆戈壁滩，主要推广鲁 SC 型改良而成的沙培技术为主，在 20 世纪 90 年代末，其沙培蔬果的面积占全国无土栽培面积的 1/3。应该说，无土栽培这一农业高新技术，在我国虽然开发利用的时间不长，但已取得明显效果，表现出广阔的发展前景和巨大的开发潜力。

　　我国受人口增长、土地减少的限制，要使国民经济保持可持续发展，不断提高国民生活水平，必须不断提高有限土地面积的生产效率，开拓农业生产的空间，无土栽培可提供超过普通土壤栽培几倍甚至十多倍的产品数量，可利用沙滩、盐碱等不毛之地生产农产品，为食品安全保障体系打好基础；我国是水资源相当贫乏的国家，被列为世界上 13 个贫水国之一，无土栽培作为节水农业的有效手段，将在干旱缺水地区发挥其重要的作用；我国设施栽培发展迅速，已成为许多地区农民致富、农业增效的有效手段。长期栽培的结果，使设施土壤栽培连作障碍日益加剧，无土栽培作为根治土壤栽培连作障碍的有效手段正在发挥着作用，今后在设施栽培中将广泛得到应用；另外，随着居民生活水平提高对农产品种类和质量的要求，参与国际竞争的需要和随着农业现代化进程的加快，无土栽培技术将会受到更大的重视，发展进程将进一步加快。遵循就地取材、因地制宜、高效低耗的原则，无土栽培形式将呈现以基质培为主，多种形式并存的发展格局。经济发达的沿海地区和大中城市将是现代化无土栽培发展的重点地区，它已作为都市农业和观光农业的主要组成部分，将会有更大的发展；具有成本低廉、管理简单的简易槽式基质培和其他无土栽培形式将是大规模生产应用、推广的主要形式。

第二章 无土栽培设施的选择与建造

第一节 基 本 设 施

无土栽培的基本设施或装置一般由栽培床、储液池、供液系统和控制系统四部分组成。

一、栽培床

栽培床是代替土地和土壤种植作物,具有固定根群和支撑植株的作用,同时要保证营养液和水分的供应,并为作物根系的生长创造优越的根际环境。栽培床可用适当的材料如塑料等加工成定型槽,或者用塑料薄膜包装适宜的固体基质材料或用水泥砖砌成永久性结构和砖垒砌而成的临时性结构。栽培床形式很多,一般分育苗床和栽培床两类,具体规格大小等内容在栽培技术及无土育苗技术章节中介绍。在选用栽培床时应以结构简便实用、造价低廉、灌排液及管理方便等为原则。

二、储液池

储液池是储存和供应营养液的容器,是为增大营养液的缓冲能力,为根系创造一个较稳定的生存环境而设的。其功能主要有以下几种。

① 增大每株占有营养液量而又不致使种植槽的深度建得太深。

② 使营养液的浓度、pH 值、溶存氧、温度等较长期地保持稳定。

③ 便于调节营养液的状况，例如调节液温等，如果无储液池而直接在种植槽内增减温度，势必要在种植槽内安装复杂的管道，既增加了费用也造成了管理不便。又如调 pH 值，如果无储液池，势必将酸碱母液直接加入槽内，容易造成局部过浓的危险。

三、供液系统

供液系统是将储液池（槽）中的营养液输送到栽培床，以供作物需要。无土栽培的营养液供应方式，一般有循环式供液系统和滴灌系统（图 2-1）两种，主要由水泵、管道、过滤器、压力表、阀门组成。管道分为供液主管、支管、毛管及出水龙头与滴头管或微喷头。不同的栽培形式在供液系统设计和安装上有差异。

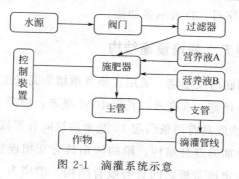

图 2-1　滴灌系统示意

四、控制系统

控制系统是通过一定的调控装置，对营养液质量和供液进行监测与调控。先进的控制装置采用智能控制系统，实现对营养液质量、环境因素、供液等进行自动全方位监控。自动控制装置包括电导率自控装置、pH 值自控装置、液温控制装置、供液定时器控制装置等。从而实现根据植物不同生长发育阶段对营养的需求，人工利用这些设备来监控营养液质量变化，适时调整和补充，并定时向作物供给营养液，做到营养液补充和供液及时，调整到位，并减少人力，节省电力和减少泵的磨损。

第二节　多功能（LG-D 型）无土栽培
设施及栽培技术

　　LG-D 型无土栽培设施是一种具有多种栽培用途，可以栽培各种蔬菜、花卉、草莓等作物的多功能栽培模式，具有通用的底槽、槽堵和 4 种不同栽培用途的定植板，及无纺布基质袋、复合栽培专用方形定植钵、水培定植杯等产品。

　　（注：LG-D 含义为 LG 表示绿东国创公司"绿、国"两个汉字拼音的第一个字母，D 表示多功能）

一、LG-D 型无土栽培设施结构

　　（1）通用底槽及槽堵　通用底槽及槽堵为高密度聚苯材料模压而成，槽的外径宽 600 毫米，长度 1000 毫米，槽深 50 毫米，厚度为 20 毫米，槽底具有两条凸起 10 毫米的纵向分界线。槽侧立面具有曲线形可叠加的嵌合结构，槽的两端具有互相连接的嵌合结构，侧立面上部与定植盖板之间具有咬合结构。槽堵为"簸箕形"，外径、槽深、厚度、槽底分界线及上下、左右咬合结构完全和底槽一致，长度为 500 毫米，其中一端的槽堵底部有一个内径 50 毫米、外径 75 毫米的排液口。

　　（2）A 型定植板　A 型定植板为高密度聚苯材料模压而成外罩式定植板，厚度为 20 毫米，外径宽 600 毫米，长度 1000 毫米，内高 10 毫米，定植板上具有纵向三排、每排 5 个隐形定植孔，定植孔的周围正面凸起板面 5 毫米（可以阻挡灰尘、滴水流进栽培槽），反面向下凹 5 毫米，定植孔上部内径 28 毫米，下部 25 毫米，

无
土
栽
培

24

中间具有 2 毫米封闭薄片，根据栽培密度需要考虑是否打开。定植板两端具有互相搭接的嵌合结构，与底槽口具咬合结构。

（3）B 型定植板 B 型定植板为高密度聚苯材料模压而成外罩式定植板，厚度为 20 毫米，外径宽 600 毫米，长度 1000 毫米，定植板上具有纵向六排、每排 10 个定植孔，定植孔的周围正面具有凸起板面 5 毫米的结构（可以阻挡灰尘、滴水流进栽培槽），定植孔内径为 25mm。定植板两端具有互相搭接的嵌合结构，与底槽具咬合结构。

（4）C 型托植板 C 型托植板为高密度聚苯材料模压而成"内嵌式托板"，厚度为 20 毫米，外径宽 600 毫米，内径宽 520 毫米，长度 500 毫米，托植板与底槽具有嵌合结构，托植板本身具有隔挡结构，互相连接处不设搭接结构，托植板上具有纵向八排、每排 7 个"扎根透水孔"。

（5）D 型定植板 D 型定植板为高密度聚苯材料模压而成外罩式定植板，厚度为 20 毫米，外径宽 600 毫米，长度 800 毫米，内高 50 毫米，板内侧顶部具 2 根加强筋，定植板上具有纵向两排、每排 2 个方形定植孔，定植孔的周围正面具有凸出板面 5 毫米的凸起结构（可以阻挡灰尘、滴水流进栽培槽）。定植孔内径上口为 97 毫米见方，下口为 90 毫米见方。定植板两端具有互相搭接的嵌合结构，与底槽口具嵌合结构。

（6）无纺布基质袋 无纺布基质袋是用亲水性园艺专用无纺布缝合而成枕头形，标准型号为长 360 毫米，宽 220 毫米，厚 100～120 毫米，每袋装基质 8～9 升；另一种型号为长 1000 毫米，宽 280 毫米，厚 100～120 毫米，每袋装基质 30～36 升。

（7）方形定植钵 采用 PS 塑料模压而成，方形，上口边长 120 毫米，底部边长 80 毫米，高 90 毫米，底部为格栅状，果菜复合栽培专用。

(8) 水培定植杯　采用 PS 塑料模压而成，圆形，上口具有平行向外延伸的"翻边"构造，杯体外径 24 毫米，底部外径 19 毫米，高 45 毫米，杯体上部 20 毫米为封闭式，下部 25 毫米为格栅状，叶菜水培专用。

二、LG-D 型无土栽培设施模式应用

　　LG-D 型无土栽培设施产品根据栽培需要可以组合出多种栽培模式，每一种栽培模式的栽培槽（床）长度一般设计在 400～2500 厘米，根据不同作物的生长高度及栽培要求，可以在地面直接进行组装，也可配套钢结构床架，将栽培槽铺设在单层或多层的栽培托架上。采用营养液循环供液方式进行灌溉。

　　(1) DFT 水培叶菜（A/B 板）　采用通用底槽与 A 型定植板结合，进行结球生菜、散叶生菜、奶油生菜、不结球白菜、羽衣甘蓝、西芹等大棵型叶菜的水培；与 B 型定植板结合，可进行小油菜、菠菜、三叶芹、水芹、香芹、紫背天葵、空心菜、油麦菜等的水培。DFT 水培叶菜一般采用双槽并列组合而形成宽度 120 厘米的水培床，道路宽 40～70 厘米，为确保水培叶菜的叶片不受尘土、滴水、地面土传病虫害等的污染和侵扰，通常采用离地栽培，将栽培床架设置离地面 60～80 厘米，使床面的蔬菜定植管理作业正好符合人站立操作的理想层面，以减轻劳动强度，提高作业效率，降低栽培风险。

　　采用通用底槽与 A 型板结合，还可进行草莓的水培，栽培槽为单列设置，路间距为 50～60 厘米，打开 A 型板两侧的定植孔，进行草莓定植。

　　(2) DFT/NFT 水培果菜　栽培槽为单列，行间道宽为 100～120 厘米，采用通用底槽与 A 型板结合，用于番茄、黄瓜、甜瓜、西瓜等果菜的水培。将定植板两侧的定植孔交错打开，即纵向间隔

打开定植孔，其余定植孔保持隐形封闭状态。

栽培槽可以布置在地表，但需要铺设园艺地布进行隔离，最理想的做法是采用离地布设，将栽培槽架高30～60厘米，形成标准化的果菜水培床，对减轻病虫害发生，降低栽培风险具有重要意义。将支架水平设置即为DFT水培模式，按（80～100）：1的坡降设置即为NFT果菜水培模式。

（3）立体多层叶菜水培　采用钢结构床架进行多层式水培，支架内宽60厘米，长度不限，高度为160～200厘米，设3～4层，每层间距40～60厘米，第一层离地不低于40厘米。将通用底槽与A、B、C三种定植、托植板结合使用，每层可栽培不同的园艺作物。通常最上层栽培对光照要求强、温度高的大棵型叶类蔬菜，中间栽培棵型相对偏小、不耐强光高温的叶菜品种，下层栽培喜阴叶菜或芽苗菜。将不同温光需求的作物品种按垂直温光条件进行分层定位栽培，有利于发挥每一种作物的生产潜能。

（4）DFT水培育苗　采用钢架结构离地作成水培育苗床，与叶菜水培床设施结构类似。底槽与B型板结合使用，进行叶菜和果菜的水培育苗。当苗与苗之间的叶片基本搭接，槽内根系还没有交叉纠缠生长，地上部未出现明显徒长前进行分苗定植。

（5）简易型复合无土栽培　（发明专利申请号：201110068853.5）采用通用底槽与无纺布基质袋、黑白膜、方形定植钵组合而成的栽培设施。将地面整理平整，高低误差不超过±10毫米，铺设园艺地布进行土壤隔离后，铺设通用底槽和黑白膜，将基质袋按株距设置进行布置，即株距40厘米，基质袋之间间距4厘米，上面再铺设一层黑白膜，在基质袋上方的黑白膜上开一个与方形定植钵底部边长匹配的定植口，不伤及基质袋。将培育好苗的定植钵直接摆放到开口位置即可，初次浇透水，使定植钵中基质与基质袋中的基质经无纺布的吸湿作用，实现上下水分的毛细管作用连接。初期可以将槽内水位淹没到基质袋的一半位置，随着作物根系下扎到基质袋中，逐渐降低水位至 20 毫米，每天定时进行流动循环灌溉。

（6）标准型复合无土栽培（发明专利申请号：201110068853.5）采用通用底槽与 D 型定植板、无纺布基质袋、黑白膜、方形定植钵进行组合，设施标准化程度高，外形美观。将地面整理平整，高低误差不超过 ±10 毫米，铺设园艺地布进行土壤隔离后，铺设通用底槽和黑白膜，将基质袋按株距设置进行布置，即株距 40 厘米，基质袋之间距 4 厘米，将 D 型定植板覆盖后即可定植。将育好苗的定植钵直接摆放到定植板的方形定植口中即可。初次浇透水，使定植钵中基质与基质袋中的基质经无纺布的吸湿作用，实现上下水分的毛细管作用连接。初期槽内水位淹没到基质袋的 1/2 位置，随着作物根系生长进入基质袋，逐渐降低水位至 20 毫米，每天定时进行流动循环灌溉。

三、LG-D 型无土栽培设施模式的优越性

① 通用底槽的宽度、高度适合栽培各种果菜、叶菜，既适合做水培，也可与基质袋结合，做成水培、基质培复合模式，充分体现其多功能性。

② 配套开发的四种不同用途的定植板、托植板，满足了不同作物及不同栽培模式的需求。

③ 通用底槽与定植板的宽度，可单槽连接成"栽培畦"，操作道宽为 80～120 厘米，用于栽培各种果菜；双槽并列布成栽培畦时，恰好是正常叶菜的栽培畦宽度（120 厘米），操作道宽为 40～60 厘米。因此，这种宽度的栽培槽比以往 40～50 厘米和 80～100 厘米宽度设计的栽培槽更加合理。

④ 定植板上定植孔周围的凸起设计可以避免温室的滴水、灰尘进入定植孔，避免病菌侵入根基和进入营养液中；槽与槽、槽与

定植板之间连接处的嵌合结构设计，提高了水培根际环境的污染防御能力，降低病虫害的入侵概率。

⑤ 通用底槽与基质袋、方形定植钵、黑白膜覆盖、D 型定植板结合的复合型无土栽培模式，充分发挥了基质栽培与水培的综合优点，克服了两者的缺点，不仅可以进行无机营养液栽培，还可用有机液肥进行灌溉，解决了有机生态型无土栽培必须使用固体有机肥的种种弊端，如图 2-2 所示。

图 2-2　复合无土栽培铺设基质袋

⑥ 水培、基质培复合栽培模式，解决了基质栽培必须用滴灌进行灌溉而带来堵塞和供液（给水）不均匀的缺水、死苗和生长不均衡问题，如图 2-3 所示。

⑦ 无纺布基质袋的标准化产品和商品化生产，不再需要在栽培现场配制基质和装袋，将基质袋直接按株距要求进行铺设，槽内灌水浸泡基质袋，定植时不需要在基质袋上开口，将底部带网格的方形定植钵直接摆放在袋子上即可，实现了无土栽培设施系统的标

图 2-3　标准型复合无土栽培设施

准化、规范化、洁净化作业，操作人员可以十分轻松、干净地完成
种植作业，如图 2-4 所示。

图 2-4　简易型复合无土栽培番茄定植后景观

⑧ 作物根系在3～5天内就能穿透无纺布扎入基质中，一段时间后再一次穿出袋壁，向槽内空间伸展，使根际水、肥、气环境得到有效调控，如图2-5、图2-6所示。

图 2-5 标准型复合无土栽培番茄定植后景观

图 2-6 番茄标准型复合无土栽培结果期

⑨ 栽培结束后，切断栽培钵底部根系，将基质袋堆积覆膜，进行高温闷闭消毒，沤腐基质中的残根，而后晾晒干燥，将基质袋周围的须根轻轻刮除，即可投入下一茬栽培使用，如图2-7～图2-9所示。

图 2-7　简易复合无土栽培模式番茄生长势（一）

图 2-8　简易复合无土栽培模式番茄生长势（二）

图 2-9 立体生态三层水培模式叶菜生长势

第三节 LG-L 立体无土栽培设施及栽培模式

针对斜插式立体栽培柱、栽培墙设施结构在安装、栽培过程中存在的问题，对这两种栽培设施装置进行了较大的改正，研制开发出第二代链条组合式墙体栽培（专利号：ZL200820109103.1）、组拼式墙体栽培和三角柱式栽培设施三套模式。2011 年，又针对目前所有立柱式栽培设置装置普遍存在需要更换基质，主体结构遮挡光照明显以及蔬菜直立生长不均衡、商品性差等的弊端，进一步研究开发出第三代"螺旋仿生立体水培柱"（专利号：ZL201120202956.1）。

一、链条组合式墙体栽培设施结构

链条组合式墙体栽培设施结构由墙体栽培槽、槽顶盖、底部集液槽、基座、固定轴管、无纺布、基质、定植杯、营养液循环供液系统等组成。

栽培槽体采用高密度聚苯材料模压而成，槽外长 860 毫米，高 125 毫米，槽内径长 820 毫米，宽 40 毫米，深 10 毫米，厚度为 20 毫米。槽内分设四个档格，每个挡格的底部具有两个排液口，两侧各带一个凸出的 U 形定植口，整个栽培槽体两侧共有 8 个定植口。栽培槽两端带有内径为 40 毫米的轴管圈，两端轴管圈的位置是上下错位排列的，便于横向连接。栽培槽体的上端和底部具有上下叠加的嵌合结构，使槽体纵向串叠后形成整体，并可避免槽内上下水不外溢。

槽顶盖、集液底槽长宽与栽培槽体完全一致，两端带轴管圈，顶槽盖内深 40 毫米，底部集液槽内深 60 毫米，底部中间具一个内径 25 毫米，外径 50 毫米的排液口，可以外接内径为 50 毫米的 PVC 管。基座与固定轴管起支撑与连接、固定栽培墙体的作用，基座一般为砖混结构，高度 200～240 毫米，宽度与栽培槽体外宽基本一致，事先将回液管路固定到基座中，轴管上部与温室或其他建筑物进行连接固定，以确保整体栽培墙设施的稳固。无纺布、基质是墙体栽培槽内作物根系生长的载体，无纺布承担吸水和保护基质不下漏、不外溢的作用，基质可选用海绵或珍珠岩、大粒蛭石、小陶粒等吸水性、透气性、排水性好的材料。

配合墙体栽培槽的"凸起"定植口，设计了一种专用"U 形定植杯"，杯体外壁为封闭式，内壁和底部为格栅状，供作物根系向外伸展。定植杯底部平整，装上基质后可以自立，便于分苗、移苗操作和苗床浇水作业，成苗后将杯体直接塞入墙体的定植孔中即完成定植作业。

二、三角立柱栽培设施

三角立柱栽培设施由三角立柱钵、无纺布、基质、定植杯、柱芯管、集液槽、营养液循环供液系统等组成。

三角立柱钵为正六边形，高 160 毫米，内深 140 毫米，中间为内径 50 毫米的轴芯管圈，管圈外壁与钵体内壁具间隙结构，用于填充基质材料，满足作物根系生长对空间的需要，其间隙宽为30～40 毫米，内腔底部具有 6 个排液孔，有利于营养液的上下径流；栽培钵体具 3 个凸起的 U 形定植口，成"正三角"排列，故名三角立柱栽培模式。

无纺布、基质、定植杯、轴心管等的功能及材料基本与链条组合式墙体栽培一致。集液槽可以是水泥结构，也可采用多功能栽培设施的通用底槽与 A 型定植板配合。集液槽的宽度一般在 300～800 毫米，深度为 50～120 毫米，将柱体排出的营养液全部收集，并通过排液管路流回营养液池，完成循环供液。在集液槽上覆盖定植板或铺设鹅卵石，进行叶菜或花草的平面种植。

三、组拼式墙面立体栽培设施

组拼式墙面立体栽培设施由栽培盒、连接盒、无纺布、海绵、定植杯、集液槽、附着支架、固定螺钉、营养液循环系统等组成。

栽培盒采用 ABS 塑料模压而成，栽培盒外径尺寸：长 250 毫米，高 125 毫米，宽 30 毫米。上部开口处壁厚 1 毫米，往下逐渐增厚至 2 毫米。栽培盒中间具有一个挡格，将盒体分为纵向两个空腔（124毫米×124毫米）供植物根系生长，空腔内填充无纺布和基质材料。栽培盒底部具有8个直径为12毫米的排水孔；盒体上口的外壁上具有两个U形凸起的定植口，定植口内径为38毫米。盒口的内壁高出盒体20毫米，具3个固定螺孔。连接盒外形尺寸、盒内构造和栽培盒完全一致，只是不带定植口，起到连接栽培墙上下栽培盒给排液的作用和调节植物种植间距的作用。盒体中填充无纺布包裹基质材料，作为根系生长的载体。

墙体支撑附着物，必须是完全平整的垂直面，能拧进螺钉，便于将栽培盒、链接盒固定在垂直面上，也可考虑采用木条、木板等做成骨架，再将栽培盒、连接盒安装固定在骨架上形成栽培墙体。

回液槽设在栽培墙体设施的底部，用塑料槽或水泥槽将栽培墙体盒排出的水肥收集并回流到营养液池中，完成循环供液。

四、螺旋仿生立体水培柱

螺旋仿生立体水培柱由栽培钵、外罩式定植盖、内嵌式种植盘、小型定植杯、柱芯管、营养液循环系统等组成。

栽培钵采用聚丙塑料模压而成，钵体高45毫米，厚度2毫米，外形为六瓣花边形，外径230毫米，钵的一侧带内径75毫米的固定圈，与栽培钵形成整体，圈壁厚为5毫米，高度为80毫米。栽培钵的一侧底部设有排液管口，内径为16毫米，可以插接外径16毫米的PVC管调节钵内水位。

外罩式定植盖其内径尺寸与栽培钵外径尺寸吻合，罩在栽培钵上形成一个整体，定植盖上具有7个内径为25毫米的定植孔。定植盖的一侧边沿设有1个内径为16毫米的进液口。内嵌式种植盘其外径尺寸与栽培钵内径尺寸吻合，搁置在栽培钵内形成"笼屉形"构造。种植盘底部为网格状，便于根系的穿透。

柱芯管为外径75毫米的PVC管，回液管路在每个栽培柱的底部设一个对应回液管口，将每个柱的排液串联回收，流回到营养液池，完成循环供液。

五、LG-L 立体栽培设施的应用

（1）三角柱式立体栽培模式　生产性栽培一般将立柱钵串叠到180～200厘米高，需要11～13个立柱钵串叠而成；观光场所栽培一般高度没有严格标准，可高低错落；家庭阳台栽培一般有6～12个立柱钵串叠即可。三角立柱钵需先装上基质，在钵内衬垫一层无纺布，将基质灌注入钵内空间，至8～9成满，再将无纺布边沿覆盖在基质表面，实际上是用无纺布把基质包裹起来，避免串叠立柱钵时出现基质撒溢现象。立柱底部需要统一的集液槽，一般在地面砌宽度为30～80厘米的砖混水泥槽，做好防渗处理。在集液槽的中间或一端设一个排液口，将营养液排入地下回液管路，集中流回到营养液池中。立柱体一般是在顶部设置网格进行固定，也可将柱芯管事先预埋固定在集液槽中。

（2）链条组合式墙体栽培模式　链条组合式墙体栽培一般不作为生产性使用，可作为温室东西分区的"生态隔离墙"、观光农业的"景观墙"、生态餐厅的"雅间装饰墙"等使用，在这些场合使用，栽培墙的间距比较大，互相遮光的时间少，能确保整体墙面上的作物生长一致。

组装墙体时，底层先布置集液槽，第二层从左到右依次搭接，第三层从右到左依次搭接，使上下层栽培槽的定植口位置错开，一层一层串叠栽培槽，至高度达到设计要求（一般正常栽培墙高度为180～200厘米，也可做到300厘米的高度）到顶部加盖一层顶槽，形成一面完全封闭的墙体栽培设施。栽培槽两端的轴心管下部固定在基座上，顶部与温室柱进行连接固定。在栽培墙的顶槽上布置供液管，采用滴灌灌溉。

（3）组拼式墙面立体栽培模式 组拼式墙面立体栽培模式一般也不作为生产性使用，可作为温室东西分区的生态隔离，观光农业的景观布置，生态餐厅的雅间隔离，建筑物表面垂直绿化、美化等场合使用。

以上3种立体栽培模式，结构装置与原理基本一致，主要适合栽培散叶株型和分枝株型的绿叶蔬菜和各种矮生花草，不适宜栽培草莓、结球叶菜等。一般常见的叶用甜菜、散叶生菜、木耳菜、番杏、紫背天葵、乌塌菜、奶白菜等都可栽培。

（4）螺旋仿生立体水培柱模式 这是根据植物叶片在主茎上螺旋着生长的原理而设计的一种"仿生栽培装置"，打破了传统立柱栽培中柱粗大而种植部位偏小的模式。将每个栽培钵从下往上依次螺旋形串叠，形成中柱细（外径84毫米），栽培钵大（外径230毫米）的设施构造。作物幼苗定植在栽培钵的定植盖上，根系伸展在栽培钵的营养液中，和中柱不发生关联，而且把作物与中柱的间距拉开，从而把柱体对作物生长的影响降低到最低限度。

螺旋仿生立体水培模式可以栽培大部分叶类蔬菜和各种矮生花草及草莓，还可进行细叶菜和芽苗菜的培育，这是其他任何一种柱式栽培所无法实现的，显著扩大了栽培品种的范围。栽培大棵形叶菜（结球生菜、羽衣甘蓝），每层栽培钵定植一棵即可；栽培中棵形（散叶生菜、花叶生菜）蔬菜，每层栽培钵定植3棵；小棵形定植7棵（油麦菜、空心菜、紫背天葵等）；细叶菜、芽苗菜等采用内嵌式种植盘，密度可进一步加大。

六、LG-L 系列立体栽培模式的主要优点

① 第一代斜插式立柱、墙体栽培设施是汪晓云在1999年设计发明的，率先在河北省北戴河集发农业观光园进行栽培应用，从最初的手工制作栽培设施到采用模具生产带斜插孔的圆柱钵、栽培墙

板经历了 3 年时间，此后这两种栽培模式很快在全国各地推广、效仿应用。这两套立体栽培模式实现了立体栽培在定植时不需要对主体结构及柱体、墙体内基质材料的扰动，作物育苗直接在斜插管杯中进行，将管杯直接插入立体设施的斜插孔即可。同时，供液、回液管路在立体栽培设施的上下端进行安装，水肥在立体设施内部的基质材料中润流，不需要对立体设施上的每棵作物单独进行给水、给肥，简化了栽培设施和管理程序。

② 通过几年的应用及栽培实践，于 2008 年对斜插式立柱栽培及墙体栽培的设施结构进行了改正创新，将立柱钵、墙体上的斜插孔改为凸出垂直面的"U 形定植孔"，将"斜插管式杯"这一不规范结构改为"专用 U 形定植杯"。U 形定植杯可以直接直立育苗，解决了斜插管杯不能自立，不利于育苗操作的问题。

立柱栽培装置从方形、圆形改为"三角六边形"，在三个对角定植植物，一是极大地方便了立柱钵的串叠安装，实现上下层栽培钵定植孔的准确错位；二是使栽培柱体对每棵作物横向生长空间的释放发挥到极致（三角柱每棵作物的垂直生长空间可达到 300 度的方位，而圆形栽培柱的每棵作物垂直生长空间只有 200 度左右），有利于作物更好地直立生长。

墙体栽培设施从两片夹板结构改为槽式结构，从依靠设立内钢管骨架固定墙体，改为通过轴管穿过栽培槽体两端的连接轴圈来固定墙体。这一结构的改正，一方面使墙体栽培设施的安装更加容易、便捷；另一方面使固定骨架不再和栽培基质体、营养液等掺杂在一起，避免了钢管骨架因营养液酸碱侵蚀而锈腐和释放有毒离子的问题，也避免了根系与锈蚀金属管的接触。栽培槽两端的连接轴圈设计使纵向固定管的安装更为方便，这种轴圈连接结构使墙体栽培立面造型可以随意而变，最大变幅角度可达 90 度，也就是可以将栽培墙直接回合成一个正方形或长方形的"院墙"而不需在拐角处断开安装，还可回合成六边形、八边形、多边形及波浪形栽培墙，可组合出富有文化、艺术与科技内涵的立体栽培景观。

③ 螺旋仿生水培柱的设计构思，改变了传统立柱式栽培中柱粗大、栽培孔位小的"依附性"种植结构，使中柱完全脱离作为植物根系生长空间与水肥流经通道的功能，成为独立并支撑栽培钵的骨架结构。栽培钵在中柱上的螺旋形排列使每个栽培钵中的植物得到全方位生长空间，并使每棵作物能够更充分受到直射光照射，将设施结构对光照的遮挡降低到最低限度，如图 2-10 所示。

图 2-10　螺旋仿生水培柱种植景观

栽培钵配套了两套定植盖，使可选择栽培的作物品种更加丰富。定植盖的灵活揭、盖设计，使每个栽培钵内残根清理、钵体消毒更为方便、彻底。解决了以往立柱栽培设施必须拆卸整体柱子，才能进行立柱钵内残根清理、更换基质、消毒等的弊端，使换茬、清理、消毒、再定植等作业效率显著提高，周期显著缩短。

回液管路安装及设施的固定不再需要固定基座、回液槽、集液槽等基础土建工程，减轻了工程施工强度和难度，降低了栽培工程费用投入，回液管路可直接布于地表或浅埋地下，工程衔接既方便又省力，有利于推广应用，如图 2-11 所示。

图 2-11　螺旋仿生水培柱栽培场景

第三章　基质的选用及处理

基质是无土栽培的基础，即使采用水培方式，育苗期间和定植时也需要少量基质来固定和支持作物。常用的基质有沙、石砾、珍珠岩、蛭石、岩棉、草炭、锯木屑、炭化稻壳、各种泡沫塑料和陶粒等。新型基质也在不断开发和使用。因基质栽培设备简单、投资较少、管理容易、基质性能稳定，并有较好的实用价值和经济效益，所以基质栽培发展迅速。

第一节　固体基质的理化性质

一、固体基质的作用

1. 支持和锚定植物

支持和锚定植物是固体基质的基本作用。基质使植物保持直立，并给植物根系提供一个良好的生长环境。

2. 保持水分

固体基质都具有一定的保水能力，基质之间的持水能力差异很大。如珍珠岩，它能够吸收相当于本身重量 3～4 倍的水分；泥炭则可以吸收相当于本身重量 10 倍以上的水分。基质具有一定的保水性，可以防止供液间歇期和突然断电时，植物不至于吸收不到水分和养分，干枯死亡。

3. 透气

固体基质的孔隙存有空气，可以供给植物根系呼吸所需的氧气。固体基质的孔隙也是吸持水分的地方。因此，要求固体基质既具有一定量的大孔隙，又具有一定量的小孔隙，两者比例适当，可以同时满足植物根系对水分和氧气的双重需求，以利根系生长发育。

4. 缓冲作用

缓冲作用是指固体基质能够给植物根系的生长提供一个稳定环境的能力，即当根系生长过程中产生的有害物质或外加物质可能会危害到植物正常生长时，固体基质会通过其本身的一些理化性质将这些危害减轻甚至化解。具有物理化学吸收能力的固体基质如草炭、蛭石都有缓冲作用，称为活性基质；而不具有缓冲能力或缓冲能力较弱的基质，如河沙、石砾、岩棉等称为惰性基质。

5. 提供营养的作用

泥炭、木屑、树皮等有机基质能为植物苗期或生长期间提供一定的矿质营养。

二、基质的物理性质

基质的好坏首先决定于基质的物理性质。在水培中，基质是否肥沃并不重要，一方面要起到固定植株的作用，另一方面为作物生长创造良好的水气条件。基质栽培则要求基质具有良好的物理性质。反映基质物理性质的主要指标有颗粒大小（粒径）、容重、总孔隙度、气水比等。

1. 容重

容重是指单位体积内干燥基质的重量，一般用克/升或克/立方厘米表示。容重与密度不同，密度是单位体积固体基质的质量，不包括基质中的孔隙度，指基质本身的体积。测定容重的方法是：用一已知体积的容器装入待测基质，再将基质倒出后称其重量，以基质的重量除以容器的容积即可。

基质的容重与基质粒径和总孔隙度有关，其大小反映了基质的松紧程度和持水透气能力。容重过大，说明基质过于紧实，不够疏松，虽然持水性较好，但通气性较差；容重过小，说明基质过于疏松，虽然通气性较好，有利于根系延伸生长，但持水性较差，固定植物的效果较差，根系易漂浮。

不同基质的容重差异很大，同一种基质由于压实程度、粒径大小不同，容重也存在差异。基质容重在0.1～0.8克/立方厘米范围内植物栽培效果好。

2. 总孔隙度

总孔隙度是指基质中通气孔隙与持水孔隙的总和，以孔隙体积占基质总体积的百分比来表示。总孔隙度反映了基质的孔隙状况，总孔隙度大（如岩棉、蛭石的总孔隙度都在95%以上），说明基质较轻、疏松，容纳空气和水的量大，有利根系生长，但植物易漂浮，锚定植物的效果较差；反之，则基质较重、坚实，水分和空气的容纳量小，不利于根系伸展，需增加供液次数。可见，基质的总孔隙度过大或过小都不利于植物的正常生长发育。生产上常将粒径不同的基质混合使用，以改善基质的物理性能。基质的总孔隙度一般要求在54%～96%范围内即可。总孔隙度计算公式为

$$总孔隙度=(1-容重/密度)\times100\%$$

由于基质的密度测定较为麻烦，可按下列方法进行粗略估测：取一个已知体积（V）的容器，称其重量（W_1），在此容器中加满待测的基质，再称重（W_2），然后将装有基质的容器放在水中浸泡一昼夜，称重（W_3），注意加水浸泡时要让水位高于容器顶部，如果基质较轻，可在容器顶部用一块纱布包扎好，称重时把包扎的纱布去掉。然后通过下式来计算这种基质的总孔隙度。重量单位为克，体积单位为立方厘米。

$$总孔隙度=[(W_3-W_1)-(W_2-W_1)]/V\times100\%$$

3. 基质气水比

基质总孔隙度只能反映基质容纳空气和水分的空间总和，难以反映水、气的相对容纳空间。基质气水比（即大小孔隙比）是指在一定时间内，基质中容纳气、水的相对比值，通常以通气孔隙和持水孔隙之比表示。基质中直径在 0.1 毫米以上的孔隙，其中的水分在重力作用下很快流失，主要容纳空气，称为通气孔隙（大孔隙）；而直径在 0.001～0.1 毫米的孔隙，主要储存水分，称为持水孔隙（小孔隙）。

大小孔隙比能够反映基质中气、水间的状况，是衡量基质优劣的重要指标，与总孔隙度合在一起可全面反映基质中气和水的状态。如果大小孔隙比大，说明基质空气容量大，而持水量小，储水力弱而通透性强；反之，空气容量小，而持水量大。一般来说，基质的大小孔隙比应保持在 1：（1.5～4）为宜。气水比的计算公式为

$$基质气水比 = 通气孔隙 / 持水孔隙（\%）$$

要测定气水比就要先测定基质中通气孔隙和持水孔隙各自所占的比例，其测定方法是：取一已知体积（V）的容器，装入固体基质后按照上述方法测定其总孔隙度后，将容器上口用一已知重量的湿润纱布（W_4）包住，把容器倒置，让容器中的水分流出，放置 2h，直至容器中没有水分渗出为止，称其重量（W_5），通过下式计算通气孔隙和持水孔隙所占的比例（单位同总孔隙度测定）。

$$通气孔隙 = [(W_3 + W_4 - W_5)/V] \times 100\%$$
$$持水孔隙 = [(W_5 - W_4 - W_2)/V] \times 100\%$$

4. 粒径（颗粒大小）

粒径是指基质颗粒的直径大小，用毫米表示。基质的颗粒大小一般分为五级：即小于 1 毫米的为一级；大于 1 毫米且小于 5 毫米

的为二级；大于 5 毫米且小于 10 毫米为三级；大于 10 毫米且小于 20 毫米为四级；大于 20 毫米且小于 50 毫米为五级。基质的粒径直接影响基质的容重、总孔隙度和气水比。同一种基质粒径越大，容重越小，总孔隙度越大，气水比越大，通气性较好，但持水性较差，栽培时要增加浇水次数；反之，粒径越小，容重越大，总孔隙度越小，气水比越小，持水性较好，通气性较差，容易造成基质内通气不良、水分过多，影响根系呼吸，抑制根系生长。因此，选用基质时，要选择颗粒大小合适的材料。

几种常用基质的物理性状见表 3-1。

表 3-1　几种常见基质的物理性状

基质名称	容重 /（克/立方厘米）	总孔隙度 /%	通气隙度 /%	持水孔隙 /%	气水比
菜园土	1.10	66.0	21.0	45.0	1∶2.4
沙子	1.49	30.5	29.5	1.0	1∶0.03
煤渣	0.70	54.7	21.7	33.0	1∶1.51
蛭石	0.13	95.0	30.0	65.0	1∶2.17
珍珠岩	0.16	93.2	53.0	40.2	1∶0.76
岩棉	0.11	96.0	2.0	94.0	1∶47.00
泥炭	0.21	84.4	7.1	77.3	1∶10.89
锯末	0.19	78.3	34.5	43.8	1∶1.27
炭化稻壳	0.15	82.5	57.5	25.0	1∶0.44
棉籽壳	0.24	74.9	55.1	19.8	1∶0.36

三、基质的化学性质

基质的化学性质主要有基质的化学组成及其稳定性、酸碱性、阳离子代换量、缓冲能力和电导率等。了解基质的化学性质及其作用，有助于在选择基质和配制、管理营养液的过程中增强针对性，提高栽培管理效果。

1. 基质化学组成及其稳定性

基质的化学组成是指其本身所含有的化学物质种类及其含量，包括植物可吸收利用的有机营养和矿质营养以及有毒有害物质。基质的化学稳定性是指基质发生化学变化的难易程度。有些容易发生化学变化的基质，发生变化后产生一些有害物质，既伤害植物根系，又破坏营养液原有的化学平衡，影响根系对各种养分的有效吸收。因此，无土栽培中应选用稳定性较强的材料作为基质。这样可以减少对营养液的干扰，保持营养液的化学平衡，也便于对营养液的日常管理。

基质种类不同，化学组成不同，因而化学稳定性也不同。一般来说，主要由无机物质构成的基质，如河沙、石砾等，化学稳定性较高；而主要由有机物质构成的基质，如木屑、稻壳等，化学稳定性较差。但草炭的性质较为稳定，使用起来也最安全。常见基质的营养元素含量见表3-2。

表 3-2   常见基质的营养元素含量

基质	全氮/%	全磷/%	速效磷/(毫克/升)	速效钾/(毫克/升)	代换钙/(毫克/升)	代换镁/(毫克/升)	速效铜/(毫克/升)	速效锌/(毫克/升)	速效铁/(毫克/升)	速效硼/(毫克/升)
菜园土	0.106	0.077	50.0	120.5	324.70	330.0	5.78	11.23	28.22	0.425
煤渣	0.183	0.033	23.0	203.9	9247.5	200.0	4.00	66.42	14.44	20.3
蛭石	0.011	0.063	3.0	501.6	2560.5	474.0	1.95	4.0	9.65	1.063
珍珠岩	0.005	0.082	2.5	162.2	694.5	65.0	3.50	18.19	5.68	
岩棉	0.084	0.228	—	1.338[①]	—	—	—	—	—	—
棉子壳	2.20	0.210	—	0.17[①]	—	—	—	—	—	—
炭化稻壳	0.54	0.049	66.0	6625.5	884.5	175.0	1.36	31.30	4.58	1.290

① 全钾百分数（%）。

2. 基质的酸碱性

基质本身有一定的酸碱性。基质过酸或过碱，都会影响到营养液的酸碱性，严重时会破坏营养液的化学平衡，阻止植物对养分的吸收。所以，选用基质之前，应对其酸碱性有一个大致的了解，以便采取相应的措施加以调节。检测基质酸碱度的简易方法是：取 1 份基质，加入其体积 5 倍的蒸馏水，充分搅拌后手试纸或酸度计测定 pH 值。

3. 基质的阳离子代换量（CEC）

基质的阳离子代换量是指在一定酸碱条件下，基质含有可代换性阳离子的数量。它反映基质代换吸收营养液中阳离子的能力。通常在 pH 值为 7 时测定，以每 100 克基质代换吸收营养液中阳离子的毫摩尔数（me/100 克基质）表示。并非所有的基质都有阳离子代换量。部分基质的阳离子代换量见表 3-3。

表 3-3　部分基质的阳离子代换量

基质种类	阳离子代换量/(me/100 克)
高位泥炭	140～160
中位泥炭	70～80
蛭石	100～150
树皮	70～80
沙、砾、岩棉等惰性基质	0.1～1

基质具有阳离子代换量会影响营养液的平衡，使人们难以监测和控制营养液的组分；有利的一面是指它能暂时储存营养、减少养分损失和对营养液的酸碱反应有缓冲作用，在供液间歇期也不影响植物根系对养分的吸收。

4. 基质的缓冲能力

基质的缓冲能力是指基质在加入酸碱物质后本身所具有的缓和酸碱变化的能力。缓冲能力大小主要由阳离子代换量、基质中的弱酸及其盐类的多少决定的。一般说，阳离子代换量大的，其缓冲能力也大；反之，则缓冲能力小。依基质缓冲能力的大小排序，则有机基质＞无机基质＞惰性基质＞营养液。一般来说，植物性基质如木屑、泥炭、木炭等都具有缓冲能力；而矿物性基质除蛭石外，大多数没有或很少有缓冲能力。

5. 电导率

基质的电导率是指基质未加入营养液之前，本身具有的电导率，可用电导率仪测定。它表示基质内部已电离盐类的溶液浓度，反映基质含有的可溶盐分的多少，将直接影响到营养液的平衡。基质中可溶性盐含量不宜超过 1000 毫克/千克，最好是含量＜500 毫克/千克。使用基质前应对其电导率进行测定，以便用淡水淋洗或作其他适当处理。

基质的电导率和硝态氮之间存在相关性，故可由电导率值推断基质中氮素含量，判断是否需要施用氮肥。一般在花卉栽培时，当电导率小于 0.5 毫西门子/厘米（mS/cm）时（相当于自来水的电导率），必须施肥；电导率达 1.3～2.75 毫西门子/厘米时，一般不再施肥，并且最好淋洗盐分；栽培蔬菜作物时的电导率应大于 1 毫西门子/厘米。

6. 碳氮比

碳氮比是指基质中碳和氮的相对比值。碳氮比高的基质，由于微生物生命活动对氮的争夺，会导致植物缺氮。碳氮比很高的基质，即使采用了良好的栽培技术，也不易使植物正常生长发育。因此，木屑和蔗渣等有机基质，在配制混合基质时，用量不超过20%，或者每立方米加 8 千克氮肥，堆积 2～3 个月，然后再使用。另外，大颗粒的有机基质由于其表面积小于其体积，分解速度较慢，而且其有效碳氮比小于细颗粒的有机基质。所以，要尽可能使用粗颗粒的基质，尤其是碳氮比低的基质。一般规定，碳氮比为（200∶1）～（500∶1）属中等，小于 200∶1 属低，大于 500∶1 属高。通常碳氮比宜中宜低不宜高。碳氮比为 30∶1 左右较适合作物生长。

第二节　基质的种类及特性

一、基质的种类

从基质的来源划分为天然基质（如沙子、石砾、蛭石等）和合成基质（如岩棉、陶粒、泡沫塑料等）；从基质的化学组成划分为无机基质（如沙子、蛭石、石砾、岩棉、珍珠岩等）和有机基质（如泥炭、木屑、树皮等）；从基质的组合划分为单一基质和复合基质；从基质的性质划分为活性基质（如泥炭、蛭石）和惰性基质（如沙、石砾、岩棉、泡沫塑料）。

二、常用基质的特性

（一）岩棉

岩棉是人工合成的无机基质。荷兰于 1970 年首次将其应用于无土栽培中，目前在全世界使用广泛的岩棉商品名为格罗丹（Grogen）。成型的大块岩棉可切割成小的育苗块或定植块，还可以将岩棉制成颗粒状（俗称粒棉）。目前国内已有一批中小型岩棉厂用此工艺生产。沈阳热电厂生产的优质农用岩棉，售价较低。由于岩棉使用简单、方便、造价低廉且性能优良，岩棉培被世界各国广泛运用，在无土栽培中，岩棉培的面积居第一位。但岩棉培要求配备滴灌设施以及良好的栽培技术。

岩棉的理化性质如下。

（1）有稳定的化学性质　岩棉是由氧化硅和一些金属氧化物组成，是一种惰性基质。新岩棉的 pH 值较高，一般为 7～8，使用前需用清水漂洗，或加少量酸，经调整后的农用岩棉 pH 值比较稳定。

（2）有优良的物理性状 岩棉质地较轻，不腐烂分解，容重一般为 70～100 千克/立方米；孔隙度大，高达 95%，透气性好；吸水力强，可吸收相当于自身重量 13～15 倍的水分。岩棉吸水后，会因其厚度的不同，含水量从下至上而递减，空气含量则自下而上递增。处于饱和态的岩棉，水分和空气所占比例为 13：6。

（3）岩棉纤维不吸附营养液中的元素离子，营养液可充分提供给作物根系吸收。

（4）岩棉经高温完全消毒，不会携带任何病原菌，可直接使用 岩棉已被认为是无土栽培的最好的一种基质，因为它为植物提供了一个保肥、保水、无菌、空气供应充足的良好根际环境。无土栽培中岩棉主要应用在三个方面：一是用岩棉育苗；二是循环营养液栽培（如 NFT）中植株的固定；三是用于岩棉基质的袋培滴灌技术中。

（二）沙

沙来源广泛，价格便宜，主要用作沙培的基质。不同地方、不同来源的沙，其组成成分差异很大。一般含二氧化硅 50% 以上。沙的 pH 值为 6.5～7.8，容重为 1.5～1.8 克/立方厘米，总孔隙度为 30.5%，气水比为 1：0.03，碳氮比和持水量均低，没有阳离子代换量，电导率为 0.46 毫西门子/厘米。使用时以选用粒径为 0.5～3 毫米的沙为宜。太粗则通气过盛、保水能力弱，植株易缺水，营养液的管理不便；而太细则易积水，造成植株根际的涝害。较为理想的沙粒粒径大小的组成应为：>4.7 毫米的占 1%，2.4～4.7 毫米的占 10%，1.2～2.4 毫米的占 26%，0.6～1.2 毫米的占 20%，0.3～0.6 毫米的占 25%，0.1～0.3 毫米的占 15%，0.07～0.12 毫米的占 2%，0.01 毫米的占 1%。

无土栽培前，要确保沙中不含有毒物质。海边的沙通常含较多的氧化钠，要用清水冲洗后才能使用。石灰性地区所产的沙，只有碳酸钙的含量低于20%才可使用，超过20%，要用过磷酸钙处理。方法是将2千克过磷酸钙溶于1000升水中，用其浸泡沙30分钟后，将液体排掉，使用前再用清水冲洗。

另外，在栽培上应用时必须注意沙在使用前应进行过筛、冲洗，除去粉粒及泥土；以采用间歇供液法为好，因连续供液法会使沙内通气受限。

（三）石砾

石砾是砾培基质，来源于河边的石子或采石场。因来源不同，化学组成差异较大。石砾容重大（1.5～1.8克/立方厘米），不具阳离子代换量，保浊保肥能力差，通气排水性好。一般应选用非石灰性石砾，否则会影响营养液的pH值，使用前必须用过磷酸钙处理，方法同砂处理相同。石砾的粒径应为1.6～20.0厘米，坚硬，棱角钝。由于石砾质重、来源受限，供液管理上比较严格，使用范围不大，

（四）珍珠岩

珍珠岩由硅质火山岩在1200℃下燃烧膨胀而成，白色、质轻，呈颗粒状，粒径为1.5～4毫米左右，容重为0.13～0.16克/立方厘米，总孔隙度为60.3%，气水比为1：1.04，可容纳自身重量3～4倍的水，易于排水和通气，化学性质比较稳定，含有硅、铝、铁、钙、锰、钾等氧化物，电导率为0.31毫西门子/厘米，呈中性，阳离子代换量小，无缓冲能力，不易分解，但遭受碰撞时易破碎。珍珠岩可以单独使用，但质轻粉尘污染较大，使用前最好戴口罩，先用水喷湿，以免粉尘纷飞；浇水过猛，淋水较多时易漂浮，不利于固定根系，因而多与其他基质混合使用。

（五）蛭石

蛭石是由云母类矿物加热至800～1100℃时形成的海绵状物质。质地较轻，每立方米重80～160千克，容重较小（0.07～0.25

克/立方厘米），总孔隙度 95%，气水比为 1:4.34，具有良好的透气性和保水性，电导率为 0.36 毫西门子/厘米，碳氮比低，阳离子代换量较高，具有较强的保肥力和缓冲能力。蛭石中含较多的钙、镁、钾、铁，可被作物吸收利用。因产地、组成不同，可呈中性或微碱性。当与酸性基质（如泥炭）混合使用时不会发生问题，单独使用时如 pH 值太高，需加入少量酸调整。蛭石可单独用于水培育苗，或与其他基质混合用于栽培。无土栽培用蛭石粒径在 3 毫米以上，用作育苗的蛭石可稍细些（0.75~1.0 厘米）。使用新蛭石时，不必消毒。蛭石的缺点是易碎，长期使用时，结构会破碎，孔隙变小，影响通气和排水。因此，在运输、种植过程中不能受重压，不宜用作长期盆栽植物的基质。一般使用 1~2 次后，可以作为肥料施用到大田中。

（六）炉渣

炉渣容重适中，为 0.78 克/立方厘米，有利于固定作物根系。总孔隙度为 55%，持水量为 17%，电导率为 1.83 毫西门子/厘米，碳氮比低。含有较多的速效磷、碱解氮和有效磷，并且含有植物所需的多种微量元素，如铁、锰、锌、铝、铜等。与其他基质混用时，可不加微量元素。未经水洗的炉渣 pH 值较高。炉渣必须过筛方可使用。粒径较大的炉渣颗粒可作为排水层材料，铺在栽培床的下层，用编织袋与上部的基质隔开。炉渣不宜单独用作基质，在基质中的用量也不宜超过 60%（体积分数）。

（七）草炭

草炭又称泥炭，来自泥炭藓、灰藓、苔藓和其他水生植物的分解残留体，是迄今为止世界公认最好的无土栽培基质之一。尤其是现代大规模工厂化育苗，大多是以草炭为主要基质，其中加入一定量蛭石、珍珠岩以调节物理性质。容重为 0.2~0.6 克/立方厘米（高位泥炭、低位泥炭分别低于或高于此范围），总孔隙度为 77%~

84%，持水量为 50%～55%，电导率为 1.1 毫西门子/厘米，阳离子代换量属中或高，碳氮比低或中，含水量为 30%～40%，草炭在世界很多国家都有分布，但分布很不均匀，北方多，南方少。我国北方出产的草炭质量较好。

  根据草炭形成的地理条件、植物种类和分解程度的不同，可将草炭分为低位草炭、高位草炭和中位草炭三大类。低位草炭分布于低洼的沼泽地带，宜直接作为肥料来施用，而不宜作为无土栽培的基质；高位草炭分布于低位草炭形成的地形的高处，以苔藓植物为主，不宜作为肥料直接使用，宜作肥料的吸持物，在无土栽培中可作为复合基质的原料；中位草炭是介于高位草炭和中位草炭之间的过渡类型，可在无土栽培中使用。不同来源泥炭的物理性质见表 3-4。

表 3-4 不同来源泥炭的物理性质

泥炭种类	容重 /（克/升）	总孔隙度 /%	空气容积 /%	易利用水容积 /%	吸水力 /（克/100 克）
藓类泥炭（高位泥炭）	42	97.1	72.9	7.5	992
	58	95.9	37.2	26.8	1159
	62	95.6	25.5	34.6	1383
	73	94.9	22.2	35.1	1001
白泥炭（中位泥炭）	71	95.1	57.3	18.3	869
	92	93.6	44.7	22.2	722
	93	93.6	31.5	27.3	754
	96	93.4	44.2	21.0	694
黑泥炭（低位泥炭）	165	88.2	9.9	37.7	519
	199	88.5	7.2	40.1	582
	214	84.7	7.1	35.9	487
	265	79.9	4.5	41.2	467

  草炭偏酸性或酸性，富含有机质，有机质含量通常在 7%～70%。它的持水、保水力强，但由于质地细腻，容重小，透气性

差，所以一般不单独使用，常与木屑、蛭石等其他基质混合使用，可提高其利用效果。用草炭作基质进行无土育苗，管理方便，成功率高。草炭唯一的缺点是成本高。

（八）木屑

锯木屑是森林、木材加工业的副产品，来源广、价格低、重量轻、使用方便。世界各地用它作为基质广为栽培。作基质的锯木屑不应太细，小于3毫米的锯木屑所占比例不应超过10%，一般应有80%在3.0～7.0毫米。锯末容重小，持水力强，通透性好，不会传播镰刀菌和干枝菌，与其他基质混合使用更能提高栽培效果。但在栽培过程中锯木屑易腐烂，换茬时应更换新锯木屑，或隔季使用。各种树木的锯木屑成分差异较大，树脂、单宁、松节油等有害物质含量较高，且碳氮比很高，使用前要堆沤。堆沤时可加入较多的氮素，堆沤时间较长（至少在3个月以上）。

其他无土栽培的常用基质还有刨花、炭化稻壳、棉籽壳、玉米秸秆、玉米芯、泡沫塑料、向日葵秆等。

第三节　基质的选用

无土栽培要求基质不但能为植物根系提供良好的根际环境，而且为改善和提高管理措施提供方便条件。因此，基质的选用非常重要。

一、基质的选用原则

（一）适用性

适用性是指选用的基质是否适合所要种植的植物。基质是否适用可从以下几方面考虑。

① 总体要求是所选用的基质的总孔隙度在60%左右，气水比

在 0.5 左右，化学稳定性强，酸碱度适中，无有毒物质。

② 如果基质的某些性状阻碍作物生长，但可以通过经济有效的措施予以消除的，则这些基质也是适用的。基质的适用性还依据具体情况而定，例如，泥炭的粒径较小，对于育苗是适用的，但在基质袋培时却因太细而不适用，必须与珍珠岩、蛭石等配制成复合基质后方可使用。

③ 必须考虑栽培形式和设备条件。如设备和技术条件较差时，可采用槽培或钵栽，选用沙子或蛭石作为基质；如用袋栽、柱状栽培时，可选用木屑或草炭加沙的混合基质；在滴灌设备好的情况下，可采用岩棉作基质。

④ 必须考虑植物根系的适应性、气候条件、水质条件等。如气生根、肉质根需要很好的透气性，根系周围湿度要大。在空气湿度大的地区，透气性良好的基质如松针、锯末非常适合，北方水质呈碱性，选用泥炭混合基质的效果较好。另外，有针对性地进行栽培试验，可提高基质选择的准确性。

⑤ 立足本国实际。世界各国均应来选择无土栽培用的基质。如加拿大采用锯末栽培；西欧各国岩棉培居多；南非蛭石栽培居多。

(二) 经济性

经济效益决定无土栽培发展的规模与速度。基质培技术简单、投资小，但各种基质的价格相差很大。应根据当地的资源状况，尽量选择廉价优质、来源广泛、不污染环境、使用方便、可利用时间长、经济效益高的基质，最好能就地取材，从而降低无土栽培的成本，减少投入，体现经济性。

(三) 市场性

目前市场上对绿色食品的需要量日益加大，市场前景好，销售价格也远高于普通食品。以无机营养液为基础的无土栽培方式

无
土
栽
培

只能生产出优质的无公害蔬菜，而采用有机生态型无土栽培方式能生产出绿色食品蔬菜。基质营养全面、不含生理毒素、不妨碍植物生长、具有较强的缓冲性能的以有机基质为主要成分的复合基质才能满足有机生态型无土栽培要求，从而生产出绿色食品蔬菜。

（四）环保性

随着无土栽培面积的日益扩大，所涉及的环境问题也逐渐引起人们的重视，这些环境问题主要有环境法规的限制、草炭资源问题以及废弃物可能引起的重金属污染。

西方国家制定了相应的制度法规，禁止多余或废弃的营养液排到土壤或水中，避免造成土壤的次生污染和地区水体富营养化。荷兰是世界上无土栽培面积最大、技术最先进的国家，1989 年规定温室无土栽培应逐步改为封闭系统，不许造成土壤的次生污染，这就要求选用的基质具有良好的理化性质，具有较强的 pH 值缓冲性能和合适的养分含量，但目前该国面积最大的岩棉栽培是不能满足此要求的。

草炭是世界上应用最广泛、效果较理想的一种栽培基质。同时也是一种短期内不可再生资源，不能无限制地开采，应尽量减少草炭的用量或寻找草炭替代品。

用有机废弃物作栽培基质不仅可解决废弃物对环境的污染问题，而且还可以利用有机物中丰富的养分供应植物生长所需，但应考虑到有机物的盐分含量、有无生理毒素和生物稳定性。而且必须对有机废弃物特别是城市生活垃圾及工业垃圾的重金属含量进行检测。

总之，如果仅从基质的理化性质、生物学性质的角度考虑的话，可用的基质材料很多，如果再考虑经济效益、市场需要、环境要求，则基质的选用范围大大减少，各地应因地制宜地选择基质。

第三章 基质的选用及处理

二、基质的选配

　　每种基质用于无土栽培都有其自身的优缺点，故单一基质栽培就存在各种各样的问题，混合基质由于它们相互之间能够优势互补，使得基质的各个性能指标都比较理想。由两种或两种以上基质按一定的比例混合，即可配成复合基质（混合基质）。美国加州大学、康奈尔大学从 20 世纪 50 年代开始，用草炭、蛭石、沙、珍珠岩等为原料，制成复合基质出售。我国较少以商品形式出售复合基质，生产上根据作物种类和基质特性自行配制复合基质，这样也可降低栽培成本。

（一）基质选配（混合）的总原则

　　基质混合总的原则是容重适宜，增加孔隙度，提高水分和空气的含量。同时在栽培上要注意根据混合基质的特性，与作物营养液配方相结合，才有可能充分发挥其丰产、优质的潜能。理论上讲，混合的基质种类越多效果越好，生产实践上基质的混合使用以 2～3 种混合为宜。一般不同作物其复合基质组成不同，但比较好的混合基质应适用于各种作物，不能只适用于某一种作物。如 1:1 的草炭、蛭石，1:1 的草炭、锯末，1:1:1 的草炭、蛭石、锯末或 1:1:1 的草炭、蛭石、珍珠岩，以及 6:4 的炉渣、草炭等混合基质，均在我国无土栽培生产上获得了较好的应用效果。

　　以下是国内外常用的一些混合基质配方。

　　配方 1：1 份草炭、1 份珍珠岩、1 份沙。

　　配方 2：1 份草炭、1 份珍珠岩。

　　配方 3：1 份草炭、1 份沙。

　　配方 4：1 份草炭、3 份沙，或 3 份草炭、1 份沙。

　　配方 5：1 份草炭、1 份蛭石。

　　配方 6：4 份草炭、3 份蛭石、3 份珍珠岩。

配方 7：2 份草炭、2 份火山岩、5 份沙。

配方 8：2 份草炭、1 份蛭石、5 份珍珠岩，或 3 份草炭、1 份珍珠岩。

配方 9：1 份草炭、1 份珍珠岩、1 份树皮。

配方 10：1 份刨花、1 份炉渣。

配方 11：2 份草炭、1 份树皮、1 份刨花。

配方 12：1 份草炭、1 份树皮。

配方 13：3 份玉米秸秆、2 份炉渣灰，或 3 份向日葵秆、2 份炉渣灰，或 3 份玉米芯、2 份炉渣灰。

配方 14：1 份玉米秸秆、1 份草炭、3 份炉渣灰。

配方 15：1 份草炭、1 份锯末。

配方 16：1 份草炭、1 份蛭石、1 份锯末，或 4 份草炭、1 份蛭石、1 份珍珠岩。

配方 17：2 份草炭、3 份炉渣。

配方 18：1 份椰子壳、1 份沙。

配方 19：5 份向日葵秆、2 份炉渣、3 份锯末。

配方 20：7 份草炭、3 份珍珠岩。

（二）基质的混合方法

混合基质用量小时，可在水泥地面上用铲子搅拌，用量大时，应用混凝土搅拌器。干的草炭一般不易弄湿，需提前一天喷水或加入非离子润湿剂，每 40 升水中加 50 克次氯酸钠配成溶液，能把 1 立方米的混合物弄湿。注意混合时要将草炭块尽量弄碎，否则不利于植物根系生长。

另外，在配制混合基质时，可预先混入一定的肥料，肥料可用氮、磷、钾三元复合肥（15-15-15）以 0.25% 比例加水混入，或按硫酸钾 0.5 克/升、硝酸铵 0.25 克/升、硫酸镁 0.25 克/升的量加入，也可按其他营养液配方加入。

第三章 基质的选用及处理

（三）育苗、盆栽混合基质

育苗基质中一般加入草炭，当植株从育苗钵（盘）取出时，植株根部的基质就不易散开。当混合基质中无或草炭含量小于 50%时，植株根部的基质将易于脱落，因而在移植时，小心操作以防损伤根系。如果用其他基质代替草炭，则混合基质中就不用添加石灰石。因为石灰石主要是用来提高基质 pH 值的。为了使所育的苗长得壮实，育苗和盆栽基质在混合时应加入适量的氮、磷、钾养分。

以下为常用的育苗和盆栽基质配方。

① 美国加州大学混合基质：0.5 立方米细沙（0.05～0.5mm）、0.5 立方米粉碎草炭、145 克硝酸钾、4.5 千克白云石或石灰石、145 克硫酸钾、1.5 千克钙石灰石、1.5 千克 20%过磷酸钙。

② 美国康乃尔大学混合基质：0.5 立方米粉碎草炭、0.5 立方米蛭石或珍珠岩、3.0 千克石灰石（最好是白云石）、1.2 千克过磷酸钙（20%五氧化二磷）、3.0 千克复合肥（氮、磷、钾含量 5-10-5）。

③ 中国农科院蔬菜花卉所无土栽培盆栽基质：0.75 立方米草炭、0.13 立方米蛭石、0.12 立方米珍珠岩、3.0 千克石灰石、1.0 千克过磷酸钙（20%五氧化二磷）、1.5 千克复合肥（5-15-15）、10.0 千克消毒干鸡粪。

④ 草炭矿物质混合基质：0.5 立方米草炭、700 克过磷酸钙（20%五氧化二磷）、0.5 立方米蛭石、3.5 千克磨碎的石灰石或白云石、700 克硝酸铵。

第四节　基质的消毒与更换

一、基质的消毒

许多无土栽培基质在使用前可能含有一些病菌或虫卵，在长期使用后，尤其是连作的情况下，也会聚集病菌和虫卵，容易发生病虫害。因此，在大部分基质使用前或在每茬作物收获后，下一次使用前，有必要对基质进行消毒，以消灭任何可能存留的病菌和虫卵。基质消毒常用的方法有蒸汽消毒、化学药剂消毒和太阳能消毒。

（一）蒸汽消毒

蒸汽消毒简便易行，安全可靠，但需要专用设备，成本高，操作不便。将基质装入柜（箱）内（容积1~2立方米），通入蒸汽进行密闭消毒。一般在70~90℃条件下，消毒0.5~1.0小时就能杀死病菌。注意每次消毒的基质不可过多，否则处于内部基质中的病菌或虫卵不能完全杀灭；消毒时基质的含水量应控制在35%~45%，过湿或过干都可能降低消毒效果。需消毒的基质量大时，可将基质堆成20厘米高，长度依地形而定，全部用防水防高温的布盖住，通入蒸汽，灭菌效果良好。

若用蒸汽锅炉供热的温室，可将蒸汽转换装置装在锅炉上，把蒸汽管直接通入每一个种植床，即可为基质消毒。如果表面通过蒸汽无效，可在床的底部装一永久性瓦管或其他有孔的硬质管，使蒸汽通过这种管道进入基质，达到消毒的目的。

（二）化学药剂消毒

化学药剂消毒操作简单，成本较低，但消毒效果不如蒸汽消毒，且对操作人员身体不利。常用的化学药剂有甲醛、高锰酸钾、氯化苦、溴甲烷、威百亩和漂白剂等。

1. 40%甲醛（福尔马林）

甲醛是良好的杀菌剂，但杀虫效果较差。一般将40%的原液稀释50倍，用喷壶将基质均匀喷湿，所需药液量一般为20~40升/立方米基质。最后用塑料薄膜覆盖封闭24~48小时后揭膜，将基质摊开，风干2周或暴晒2天后，达到基质中无甲醛气味后方可使用。要求工作人员戴上口罩，做好防护工作。

2. 高锰酸钾

高锰酸钾是强氧化剂，一般用在石砾、粗沙等没有吸能力且较容易用清水冲洗干净的惰性基质上消毒，而不能用于泥炭、木屑、岩棉、陶粒等有较大吸附能力的活性基质或者难以用清水冲洗干净的基质，因为这些基质会吸附高锰酸钾，会直接毒害作物，或造成植物的锰中毒。基质消毒时，用 0.1%～1.0% 的高锰酸钾溶液喷洒在固体基质上，并与基质混拌均匀，然后用塑料包埋基质 20～30 分钟后，用清水冲洗干净即可。

3. 氯化苦

氯化苦（即三氯硝基甲烷）是液体，需要用喷射器施用。氯化苦熏蒸时的适宜温度为 15～20℃。消毒前先把基质堆放成高 30 厘米，长、宽根据具体条件而定。在基质上每隔 30 厘米打一个深为 10～15 厘米的孔，每孔注入氯化苦 5 毫升，随即将孔堵住，第一层打孔放药后，再在其上堆同样的基质一层，打孔放药，总共 2～3 层，或者每立方米基质中施用 150 毫升药液，然后盖上塑料薄膜。熏蒸 7～10 天后，去掉塑料薄膜，晾 7～8 天后即可使用。氯化苦能变成气体进入基质中，这种气体可以随水喷洒在基质表面。氯化苦能有效地防治线虫、昆虫、一些草籽、轮枝菌和对其他消毒剂有抗性的真菌。氯化苦对活的植物组织和人有毒害作用，施用时要注意安全。

4. 威百亩

它是一种水溶性熏蒸剂，能杀死杂草、大多数真菌和线虫，可以作为喷洒剂通过供液系统洒在基质的表面。也可把 1 升威百亩加入 10～15 升水中，均匀喷洒在 10 立方米的基质表面。施药后将基质密封，2 周后可以使用。

5. 漂白剂

漂白剂包括漂白粉或次氯酸钠，尤其适于砾石、沙子消毒。施用方法是在水池中制成0.3%～1.0%的药液（有效氯含量），浸泡基质0.5小时以上，然后用清水冲洗，以消除残留氯。一般要求不要用于具有较强吸附能力或难以用清水冲洗干净的基质上。

（三）太阳能消毒

蒸汽消毒比较安全但成本较高；药剂消毒成本较低但安全性较差，并且会污染周围环境。太阳能是近年来在温室栽培中应用较普遍的一种廉价、安全、简单实用的基质消毒方法。具体方法是：在夏季高温季节，在温室或大棚中把基质堆成20～25厘米高，长、宽视具体情况而定，堆放的同时喷湿基质，使其含水量超过80%，然后覆盖塑料薄膜。如果是槽培，可在槽内直接浇水后上盖薄膜即可。密闭温室或大棚，暴晒10～15天，消毒效果好。

二、基质的更换

基质使用一段时间（1～3年）后，各种病菌、作物根系分泌物和烂根大量积累，物理性状变差，特别是有机残体为主体材料的基质，由于微生物的分解作用使得这些有机残体的纤维断裂，从而导致基质通气性下降，保水性过高，这些因素会影响作物生长，因而要更换基质。

基质栽培也提倡轮作，如前茬种植番茄，后茬就不应种茄子等茄科蔬菜，可改种瓜类蔬菜。消毒方法大多数不能彻底杀灭病菌和虫卵，轮作或更换基质才是更保险的方法。

更换下来的旧基质可经过洗盐、灭菌、离子重新导入、氧化等方法再生处理后重新用于无土栽培，也可施到农田中作为改良土壤之用。难以分解的基质如岩棉、陶粒等可进行填埋处理，防止对环境二次污染。

第四章 营养液的
配制与管理

　　营养液是将含有植物生长发育所必需的各种营养元素的化合物（含少量提高某些营养元素有效性的辅助材料）按适宜的比例溶解于水中配制而成的溶液。无论是何种无土栽培形式，都是主要通过营养液为植物提供养分和水分。无土栽培的成功与否在很大程度上取决于营养液配方和浓度是否合适、营养液管理是否能满足植物不同生长阶段的需求，可以说营养液的配制与管理是无土栽培的基础和关键的核心技术。不同的气候条件、作物种类、品种、水质、栽培方式、栽培时期等都对营养液的配制与使用效果有很大的影响。因此，只有深入了解营养液的组成和变化规律及其调控技术，才能真正掌握无土栽培的精髓；只有正确、灵活地配制和使用营养液，才能保证获得高产、优质、快速的无土栽培效果，无土栽培才能取得成功。

第一节　营养液的原料及其要求

　　在无土栽培中用于配制营养液的原料是水和含有营养元素的各种盐类化合物及辅助物质。经典或被认为合适的营养液配方需结合当地水质、气候条件及所栽培的作物品种，对营养液中的营养物质种类、用量和比例作适当调整，才能最大程度发挥营养液的使用效果。因此，只有对营养液的组成成分及要求有清楚的了解，才能配成符合要求的营养液。

一、营养液对水源、水质的要求

（一）水源要求

配制营养液的用水十分重要。在研究营养液新配方及营养元素缺乏症等试验水培时，要使用蒸馏水或去离子水；无土生产上一般使用井水和自来水。河水、泉水、湖水、雨水也可用于营养液配制。但无论采用何种水源，使用前都要经过分析化验以确定水质是否适宜。必要时可经过处理，使之达到符合卫生规范的饮用水的程度。流经农田的水、未经净化的海水和工业污水均不可用作水源。

雨水含盐量低，用于无土栽培较理想，但常含有铜和锌等微量元素，故配制营养液时可不加或少加。使用雨水时要考虑到当地的空气污染程度，如污染严重则不能使用。雨水的收集可靠温室屋面上的降水面积，如月降雨量达到 100mm 以上，则水培用水可以自给。由于降雨过程中会将空气中或附着在温室表面的尘埃和其他物质带入水中，因此要将收集到的雨水澄清、过滤，必要时可加入沉淀剂或其他消毒剂进行处理，而后遮光保存，以免滋生藻类。一般在下雨后 10min 左右的雨水不要收集，以冲去污染源。

以自来水作水源，生产成本高，水质有保障。以井水作水源，要考虑当地的地层结构，并要经过分析化验。无论采用何种水源，最好对水质进行一次分析化验或从当地水利部门获取相关资料，并据此调整营养液配方。

无土栽培生产时要求有充足的水量保障，尤其在夏天不能缺水。如果单一水源水量不足时，可以把自来水和井水、雨水、河水等混合使用，又可降低生产成本。

（二）水质要求

水质好坏对无土栽培的影响很大。因此，无土栽培的水质要求比国家环保总局颁布的《农田灌溉水质标准》（GB 5084—85）的要求稍高，与符合卫生规范的饮用水相当。无土栽培用水必须检测多种离子含量，测定电导率和酸碱度，作为配制营养液时的参考。水质要求的主要指标如下。

（1）硬度　用作营养液的水，硬度不能太高，一般以不超过10度为宜。

（2）酸碱度（pH 值）　一般要求在 5.5～8.5。

（3）溶解氧　使用前的溶解氧应接近饱和，即 4～5 毫克氧/升。

（4）氯化钠含量　小于 2 毫摩尔/升。不同作物、不同生育期要求不同。

（5）余氯　主要来自自来水消毒和设施消毒所残存的氯。氯对植物根有害。因此，最好自来水进入设施系统之前放置半天以上，设施消毒后空置半天，以便余氯散逸。

（6）悬浮物　小于 10 毫克/升。以河水、水库水作水源时要经过澄清之后才可使用。

（7）重金属及有毒物质含量　无土栽培的水中重金属及有毒物质含量不能超过国家标准（表4-1）。

表 4-1　无土栽培水中重金属及有毒物质含量标准

名　称	标　准	名　称	标　准
汞（Hg）	≤0.005 毫克/升	铜（Cu）	≤0.10 毫克/升
镉（Cd）	≤0.01 毫克/升	铬（Cr）	≤0.05 毫克/升
砷（As）	≤0.01 毫克/升	锌（Zn）	≤0.20 毫克/升
硒（Se）	≤0.01 毫克/升	铁（Fe）	≤0.50 毫克/升
铅（Pb）	≤0.05 毫克/升	氟化物（F⁻）	≤3.00 毫克/升
六氯环己烷（六六六）	≤0.02 毫克/升	酚	≤1.00 毫克/升
苯	≤2.50 毫克/升	大肠杆菌	≤1000 个/升
双对氯苯基三氯乙烷（DDT）	≤0.02 毫克/升		

另外，从电导率（EC 值）及 pH 值来看，无土栽培用优质水其电导率（EC 值）在 0.2 毫西门子/厘米以下，pH 值为 5.5～

6.0，多为饮用水、深井水、天然泉水和雨水；允许用水的 EC 值在 0.2～0.4 毫西门子/厘米，pH 值为 5.2～6.5。

在无土栽培允许用水的水质中，包括部分硬水，要求水中钙含量在 900 毫克/升以上，电导率在 0.5 毫西门子/厘米以下，不允许用水的 EC 值等于或大于 0.5 毫西门子/厘米。pH 值≥7.0 或 pH 值≤4.5，且含盐量过高的水质，如因水源缺乏必须使用时，必须分析水中各种离子的含量，调整营养液配方和调节 pH 值使之适于进行无土栽培，如个别元素含量过高则应慎用。

二、营养液对肥料及辅助物质的要求

（一）肥料选用要求

1. 根据栽培目的不同，选择合适的盐类化合物

在无土栽培中，要研究营养液新配方及探索营养元素缺乏症等试验，需用到化学试剂，除特别要求精细的外，一般用到化学纯级即可。在生产中，除了微量元素用化学纯试剂或医药用品外，大量元素的供给多采用农用品，以利降低成本。如无合格的农业原料可用工业用品代替，但肥料成本会增加。

知识窗

试剂的分类

根据化合物的纯度等级和使用领域，一般将化学工业制造出来的化合物的品质分为四类：①化学试剂类，又细分为三级，即优级纯试剂 [GR（Guaranteed Reagent），又称一级试剂]、分析纯试剂 [AR（Analytic Reagent），又称二级试剂]、化学纯试剂 [CP（Chemical Pure），又称三级试剂]；②医药用；③工业用；④农业用。化学试剂类纯度最高，农业用的化合物纯度最低，价格也最便宜。

适合组配营养液的需要为原则。如选用硝酸钙作氮源就比用硝酸钾多一个硝酸根离子。一种化合物提供的营养元素的相对比例，必须与营养液配方中需要的数量进行比较后选用。

2. 根据作物的特殊需要来选择肥料

铵态氮（NH_4^+）和硝态氮（NO_3^-）都是作物生长发育的良好氮源。铵态氮在植物光合作用快的夏季或植物缺氮时使用较好，而硝态氮在任何条件下均可使用。如果不考虑植物体中对人体硝态氮的积累问题，单纯从栽培效果来讲，两种氮源具有相同的营养价值，但有研究表明，无土栽培生产中施用硝态氮的效果远远大于铵态氮。现在世界上绝大多数营养液配方都使用硝酸盐作主要氮源。其原因是硝酸盐所造成的生理碱性比较弱而缓慢，且植物本身有一定的抵抗能力，人工控制比较容易；而铵盐所造成的生理酸性比较强而迅速，植物本身很难抵抗，人工控制十分困难。所以，在组配营养液时，两种氮源肥料都可以用，但以使用安全的硝态氮源为主，并且保持适当的比例。

3. 选用溶解度大的肥料

如硝酸钙的溶解度大于硫酸钙，易溶于水，使用效果好，故在配制营养液需要的钙时，一般都选用硝酸钙。硫酸钙虽然价格便宜，但因它难溶于水，故一般很少用。

4. 肥料的纯度要高，适当采用工业品

因为劣质肥料中含有大量惰性物质，用作配制营养液时会产生沉淀，堵塞供液管道，妨碍根系吸收养分。营养液配方中标出的用量是以纯品表示的，在配制营养液时，要按各种化合物原料标明的百分纯度来折算出原料的用量。原料中本物以外的营养元素都作杂质处理。但要注意这类杂质的量是否达到干扰营养液平衡的程度。在考虑成本的前提下，可适当采用工业品。

5. 肥料中不含有毒或有害成分

6. 肥料取材方便，价格便宜

（二）无土栽培常用的肥料

1. 氮源

氮源主要有硝态氮和铵态氮两种。蔬菜为喜硝态氮作物，硝态氮多时不会产生毒害，而铵态氮多时会使生长受阻形成毒害。两种氮源以适当比例同时使用，比单用硝态氮好，且能稳定酸碱度。常用氮源肥料有硝酸钙、硝酸钾、磷酸二氢铵、硫酸铵、氯化铵、硝酸铵等。

2. 磷源

常用的磷肥有磷酸二氢铵、磷酸二铵、磷酸二氢钾、过磷酸钙等。磷过多会导致铁和镁的缺乏症。

3. 钾肥

常用的钾肥有硝酸钾、硫酸钾、氯化钾以及磷酸二氢钾等。钾的吸收快，要不断补给，但钾离子过多会影响到钙、镁和锰的吸收。

4. 钙源

钙源肥料一般使用硝酸钙，氯化钙和过磷酸钙也可适当使用。钙在植物体内的移动比较困难，无土栽培时常会发生缺钙症状，应特别注意调整。

5. 硫和微量元素

营养液中使用镁、锌、铜、铁等硫酸盐，可同时解决硫和微量元素的供应。

6. 营养液的铁源

pH 值偏高、钾的不足以及过量存在磷、铜、锌、锰等情况下，都会引起缺铁症。为解决铁的供应，一般都使用螯合铁。营养液中以螯合铁（有机化合物）作铁源，效果明显强于无机铁盐和有机酸铁。常用的螯合铁有乙二胺四乙酸一钠铁和二钠铁（NaFe-

EDTA、$Na_2Fe-EDTA$）。螯合铁的用量一般按铁元素重量计，每升营养液用 3～5 毫克。

7. 硼肥和钼肥

多用硼酸、硼砂和钼酸钠、钼酸钾。

（三）辅助物质

营养液配制中常用的辅助物质是螯合剂，它与某些金属离子结合可形成螯合物。无土栽培上用的螯合物加入营养液中，应具有以下特性：一是不易被其他多价阳离子所置换和沉淀，又必须能被植物的根表所吸收和在体内运输与转移；二是易溶于水，又必须具抗水解的稳定性；三是治疗缺素症的浓度以不损伤植物为宜。目前无土栽培中常用的是铁与络合剂形成的螯合物，以解决营养液中铁源的沉淀或氧化失效的问题。

第二节　营养液的组成

营养液的组成直接影响到植物对养分的吸收和生长，涉及栽培成本。根据植物种类、水源、肥源和气候条件等具体情况，有针对性地确定和调整营养液的组成成分，更加能发挥营养液的使用功效。

一、营养液的组成原则

1. 营养元素齐全

现已明确的高等植物必需的营养元素有 16 种，其中碳、氢、氧由空气和水提供，其余 13 种由根部从根际环境中吸收。因此，所配制的营养液要含有这 13 种营养元素。因为在水源、固体基质或肥料中已含有植物所需的某些微量元素的数量，因此配制营养液时不需另外加入。

2. 营养元素可以被植物吸收

即配制营养液的肥料在水中要有良好的溶解性，呈离子态，并能有效地被作物吸收利用。通常都是无机盐类，也有一些有机螯合物。某些基质培营养液也选用一些其他的有机化合物，例如，用酰胺态氮——尿素作为氮素组成。不能被植物直接吸收利用的有机肥不宜作为营养液的肥源。

3. 营养元素均衡

营养液中各营养元素的数量比例应是符合植物生长发育要求的、生理均衡的，可保证各种营养元素有效性的充分发挥和植物吸收的平衡。在确定营养液组成时，一般在保证植物必需营养元素品种齐全的前提下，所用肥料种类尽可能少，以防止化合物带入植物不需要和引起过剩的离子或其他有害杂质（表4-2）。

表4-2 营养液中各元素浓度范围

元素	浓度单位/(毫克/升)			浓度单位/(毫摩尔/升)		
	最低	适中	最高	最低	适中	最高
硝态氮(NO_3^--N)	56	224	350	4	16	25
铵态氮(NH_4^+-N)	—	—	56	—	—	4
磷(P)	20	40	120	0.7	1.4	4
钾(K)	78	312	585	2	8	15
钙(Ca)	60	160	720	1.5	4	18
镁(Mg)	12	48	96	0.5	2	4
硫(S)	16	64	1440	0.5	2	45
钠(Na)	—	—	230	—	—	10
氯(Cl)	—	—	350	—	—	10
铁(Fe)	2		10			
锰(Mn)	0.5	—	5			
硼(B)	0.5		5			
锌(Zn)	0.5		1			
铜(Cu)	0.1		0.5			
钼(Mo)	0.001		0.002			

4. 总盐度适宜

营养液中总浓度（盐分浓度）应适宜植物正常生长要求（表4-3）。

5. 营养元素有效期长

营养液中的各种营养元素在栽培过程中应长时间保持其有效态。其有效性不因营养空气的氧化、根的吸收以及离子间的相互作用而在短时间内降低。

6. 酸碱度适宜

营养液的酸碱度及其总体表现出来的生理酸碱反应应是较为平稳的，且适宜植物正常生长要求。

二、营养液组成的确定方法

营养液配方，是作物能在营养液中正常生长发育、有较高产量的情况下，对植株进行营养分析，了解各种大量元素和微量元素的吸收量，据此利用不同元素的总离子浓度及离子间的不同比例而配制的。同时又根据作物栽培的结果，再对营养液的组成进行修正和完善。

（一）确定营养液组成的理论依据

由于科学家使用方法的不同，因而提出的营养液组成的理论也不同。目前，世界上主要有三派配方理论，即日本园艺试验场提出的园试标准配方、山崎配方和斯泰纳配方。

① 园试标准配方是日本园艺试验场经过多年的研究而提出的，其根据是从分析植株对不同元素的吸收量来决定营养液配方的组成。

② 山崎配方是日本植物生理学家山崎肯哉以园试标准配方为基础，以果菜类为材料研究提出的。他根据作物吸收元素量与吸水量之比，即表观吸收成分组成浓度（n/w值）来决定营养液配方的组成。

③ 斯泰纳配方是荷兰科学家斯泰纳依据作物对离子的吸收具

有选择性而提出的。斯泰纳营养液是以阳离子（Ca^{2+}、Mg^{2+}、K^+）之摩尔和与相近的阴离子（NO_3^-、PO_4^{3-}、SO_4^{2-}）之摩尔和相等为前提，而各阳、阴离子之间的比值，则是根据植株分析得出的结果而制订的。根据斯泰纳试验结果，阳离子之比值为：K^+：Ca^{2+}：$Mg^{2+}=45$：35：20，阴离子比值为：NO_3^-：PO_4^{3-}：$SO_4^{2-}=60$：5：35 时为最恰当。

（二）营养液的总盐度的确定

首先，根据不同作物种类、不同品种、不同生育时期在不同气候条件下对营养液含盐量的要求，来大体确定营养液的总盐分浓度。一般情况，营养液的总盐分浓度控制在 0.5% 以下，对大多数作物来说都可以较正常地生长；当营养液的总盐分浓度超过 0.5% 以上，很多蔬菜、花卉植物就会表现出不同程度的盐害。不同作物对营养液总盐分浓度的要求差异较大，例如，番茄、甘蓝、康乃馨对营养液的总盐分浓度要求为 $0.2\%\sim0.3\%$，莴苣、草莓、郁金香对营养液的总盐分浓度要求为 $0.15\%\sim0.2\%$，显然前者比后者较耐盐。因此，在确定营养液的盐分总浓度时要考虑到植物的耐盐程度。营养液总盐分浓度范围见表 4-3，以供参考。

表 4-3　营养液总盐分浓度范围

浓度表示方法	范围		
	最低	适中	最高
渗透压/帕斯卡	0.3×10^5	0.9×10^5	1.5×10^5
正负离子合计数/(毫摩尔/升)在 20℃时的理论值	12	37	62
电导率/(毫西门子/厘米)	0.83	2.5	4.2
总盐分含量/(克/升)	0.83	2.5	4.2

（三）营养液中各种营养元素的用量和比例的确定

主要根据植物的生理平衡和营养元素的化学平衡来确定各种营

养元素的适宜用量和比例。

1. 生理平衡

能够满足植物按其生长发育要求吸收到一切所需的营养元素，又不会影响到其正常生长发育的营养液，是生理平衡的营养液。影响营养液平衡的因素主要是营养元素间的协助作用或拮抗作用（图4-1）。目前世界上流行的原则是分析正常生长的植物体中各种营养元素的含量来确定其比例。

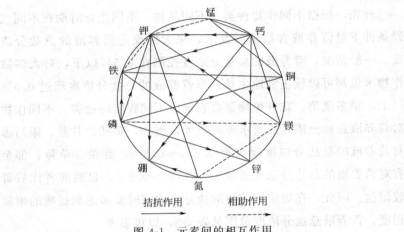

图 4-1　元素间的相互作用

根据植物体分析结果设计生理平衡配方步骤如下。

第一步，对正常生长的植物先进行化学分析，确定每株植物一生中吸收各种营养元素的数量。

第二步，将以克/株表示的各种元素的吸收量转化成以毫摩尔/升表示，以便设计过程中的计算。

第三步，确定营养液的适宜的总浓度（如总浓度确定为 37 毫摩尔/升），然后按比例计算出各种营养元素在总浓度内占有的份额（毫摩尔/升）。

第四步，选择适宜的肥料盐类，按各营养元素应占的毫摩尔数选配肥料的用量。含某种营养元素的肥料一般有多种化合物形态，选择哪一种，要经研究和比较试验决定。

微量元素的用量和比例，按表4-4直接引用。

表 4-4　营养液微量营养元素用量（各配方通用）

化合物名称	营养液含化合物/（毫克/升）	营养液含元素/（毫克/升）
NaFe-EDTA（含 Fe14.0%）	20～40①	2.8～5.6
H_3BO_3	2.86	0.5
$MnSO_4 \cdot 4H_2O$	2.13	0.5
$ZnSO_4 \cdot 7H_2O$	0.22	0.05
$CuSO_4 \cdot 5H_2O$	0.08	0.02
$(NH_4)_6Mo_7O_{24} \cdot 4H_2O$	0.02	0.01

① 为易缺 Fe 的植物，选用高用量。

第五步，可将以毫克/升表示的剂量转化为用克表示的剂量，以方便配制。

2. 化学平衡

化学平衡是指营养液配方中的几种化合物，当其离子浓度高到一定程度时，是否会相互作用而形成难溶性的化合物沉淀，从而使营养液中某些营养元素的有效性降低，以致影响营养液中这些营养元素之间的平衡。营养液是否会形成沉淀根据"溶度积法则"就可推断出来。

三、营养液配方

在规定体积的营养液中，规定含有各种必需营养元素的盐类数量称为营养液配方。配方中列出的规定用量，称为这个配方的一个剂量（表4-5）。如果使用时将各种盐类的规定用量都只使用其1/2，则称为用某配方的半剂量或 1/2 剂量，余类推。现在世界上已发表了无数的营养液配方。营养液配方根据应用对象不同，分为叶菜类和果菜类营养液配方；根据配方的使用范围分为通用性（如霍格兰配方、园试配方）和专用性营养液配方；根据营养液盐分浓度的高低分为总盐度较高和总盐度较低的营养液配方。

表 4-5　营养液配方实例

化合物名称		霍格兰配方 (Hoagland & Arnon, 1938)					日本园试配方 (堀, 1966)				
		化合物用量 /(毫克/升)	/(毫摩尔/升)	元素含量 /(毫克/升)		大量元素总计 /(毫克/升)	化合物用量 /(毫克/升)	/(毫摩尔/升)	元素含量 /(毫克/升)		大量元素总计 /(毫克/升)
大量元素	Ca(NO₃)₂·4H₂O	945	4	N 112	Ca 160	N210 P31 K234 Ca160 Mg48 S64	945	4	N 112	Ca 160	N243 P41 K312 Ca160 Mg48 S64
	KNO₃	607	6	N 84	K 234		809	8	N 112	K 312	
	NH₄H₂PO₄	115	1	N 14	P 31		153	4/3	N 18.7	P 41	
	MgSO₄·7H₂O	493	2	Mg 48	S 64		493	2	Mg 48	S 64	
微量元素	0.5%FeSO₄ / 0.4%H₂C₄H₆O₆ }溶液	0.6毫升× 3/1·周		Fe 3.3/1·周							
	Na₂Fe-EDTA						20		Fe2.8		
	H₃BO₃	2.86		B0.5			2.86		B0.5		
	MnSO₄·4H₂O						2.13		Mn0.5		
	MnCl₂·4H₂O	1.81		Mn0.5							
	ZnSO₄·7H₂O	0.22		Zn0.05			0.22		Zn0.05		
	CuSO₄·5H₂O	0.08		Cu0.02			0.08		Cu0.02		
	(NH₄)₆Mo₇O₂₄·4H₂O	0.02		Mo0.01			0.02		Mo0.01		

四、营养液的种类

营养液的种类有原液、浓缩液、稀释液、栽培液或工作液。

（一）原液

原液是指按配方配成的一个剂量标准液。

（二）浓缩液

浓缩液又称浓缩储备液、母液，是为了储存和方便使用而把原液浓缩的营养液。浓缩倍数是根据营养液配方规定的用量、各盐类在水中的溶解度及储存需要配制的，以不致过饱和而析出为准。其倍数以配成整数值为好，方便操作。

（三）稀释液

稀释液是将浓缩液按各种作物生长需要加水稀释后的营养液。一般稀释液是指稀释到原液的浓度，如浓缩 100 倍的浓缩液，再稀释 100 倍又回到原液，如果只稀释 50 倍时，浓度比原液大 50%。有时是根据作物种类、生育期所需要的浓度稀释的稀释液，所以稀释液不能认为就是原液。

（四）培养液或工作液

培养液或工作液是指直接为作物提供营养的人工营养液，一般用浓缩液稀释而成。可以说稀释液就是栽培液，因为稀释的目的就是为了栽培。

五、营养液浓度的表示方法

营养液浓度的表示方法很多，常用一定体积的溶液中含有多少数量的溶质来表示其浓度。

（一）化合物重量/升

即每升溶液中含有某化合物的重量数，重量单位可以用克（g）或毫克（mg）表示。例如，KNO_3-0.81 克/升是指每升营养液中含有 0.81 克的硝酸钾。这种表示法通常称为工作浓度或操作浓度，也就是说具体配制营养液时是按照这种单位来进行操作的。

（二）元素重量/升

即每升溶液含有某营养元素的重量数，重量单位通常用毫克（mg）表示。例如，N-210毫克/升是指每升营养液中含有氮元素210毫克。用元素重量表示浓度是科研上比较需要的。但这种用元素重量表示浓度的方法不能用来直接进行操作，实际上不可能称取多少毫克的氮元素放进溶液中，只能换算为一种实际的化合物重量才能操作。换算方法为：用要转换成的化合物含该元素的百分数去除该元素的重量。例如，NH_4NO_3 含氮为35%，要将氮素175毫克转换成 NH_4NO_3，则 175/0.35＝500 毫克，即175毫克的氮相当于500毫克的 NH_4NO_3。

（三）摩尔/升（mol/L）

即每升溶液含有某物质的摩尔（mol）数。某物质可以是元素、分子或离子。由于营养液的浓度都是很稀的，因此常用毫摩尔/升（mmol/L）表示浓度。

（四）渗透压

渗透压表示在溶液中溶解的物质因分子运动而产生的压力。单位是帕斯卡（Pa）。可以看出溶解的物质愈多，分子运动产生的压力愈大。营养液适宜的渗透压因植物而异，根据斯泰钠的试验，当营养液的渗透压为507～1621百帕斯卡时，对生菜的水培生产无影响，在202～1115百帕斯卡时，对番茄的水培生产无影响。渗透压与电导率一样，只用以间接表示营养液的总浓度。无土栽培的营养液的渗透压可用理论公式计算：

$$P＝C×0.0224×(273+t)/273$$

式中　P——溶液的渗透压，以标准大气压（atm）为单位；

C——溶液的浓度（以溶液中所有的正负离子的总浓度表示，即正负离子毫摩尔/升为单位）；

t——使用时溶液的温度（℃）；

0.0224——范特行甫常数；

273——绝对温度。

（五）电导率（EC）

电导率，又称电导度，代表营养液的总浓度。常用单位为毫西门子/厘米，符号为 mS/cm，一般简化为 mS（毫西）。在一定浓度范围内，溶液的含盐量与电导率成正比，含盐量越高，电导率越大，渗透压也越大。所以电导率能间接反映营养液的总含盐量，从而可用电导率值表示营养液的总盐浓度，但电导率不能反映营养液中某一无机盐类的单独浓度。

电导率值用电导率仪测定，其和营养液浓度（克/升）的关系，可通过以下方法来求得。在无土栽培生产中为了方便营养液的管理，应根据所选用的营养液配方（这里选用日本园试配方为例），以该配方的 1 个剂量（配方规定的标准用盐量）为基础浓度 S，然后以一定的浓度梯度差（如每相距 0.1 或 0.2 个剂量）来配制一系列浓度梯度差的营养液，并用电导率仪测定每一个级差浓度的电导率（表 4-6）。

表 4-6　日本园试配方各浓度梯度差的营养液电导率值

溶液浓度梯度/S	其大量元素化合物总含量/（毫克/升）	测得的电导率（EC）/（mS/cm）
2.0	4.80	4.465
1.8	4.32	4.030
1.6	3.84	3.685
1.4	3.36	3.275
1.2	2.88	2.865
1.0	2.40	2.435
0.8	1.92	2.000
0.6	1.44	1.575
0.4	0.96	1.105
0.2	0.48	0.628

由于营养液浓度（S）与电导率（EC）之间存在着正相关的关系，这种正相关的关系可用线性回归方程来表示：

EC=a+bS（a、b为直线回归系数）

从表4-6中的数据可以计算出电导率与营养液浓度之间的线性回归方程为（相关系数r=0.9994）：

$$EC=0.279+2.12S \tag{1}$$

通过实际测定得到某个营养液配方的电导率与浓度之间的线性回归方程之后，就可在作物生长过程中测定出营养液的电导率，并利用此回归方程来计算出营养液的浓度，依此判断营养液浓度的高低，来决定是否需要补充养分。例如，栽培上确定用日本园试配方的1个剂量浓度的营养液种植番茄，管理上规定营养液的浓度降至0.3个剂量时即要补充养分恢复其浓度至1个剂量。当营养液被作物吸收以后，其浓度已成为未知数，今测得其电导率（EC）为0.72mS/cm，代入方程（1）得：S=0.21，小于0.3，表明营养液浓度已低于规定的限度，需要补充养分。

营养液浓度与电导率之间的回归方程，必须根据具体营养液配方和地区测定予以配置专用的线性回归关系。因为不同的配方所用的盐类形态不尽相同，各地区的自来水含有的杂质有异，这些都会使溶液的电导率随之变化。因此，各地要根据选定配方和当地水质的情况，实际配制不同浓度梯度水平的营养液来测定其电导率值，以建立能够真实反映的情况，较为准确应用营养液浓度和电导率之间的线性回归方程。

电导率与渗透压之间的关系，可用经验公式：$P(Pa)=0.36 \times 10^5 \times EC(mS/cm)$ 来表达。换算系数 0.36×10^5 不是一个严格的理论值，它是由多次测定不同盐类溶液的渗透压与电导率得到许多比值的平均数。因此，它是近似值。但对一般估计溶液的渗透压或电导率还是可用的。

电导率与总含盐量的关系，可用经验公式：营养液的总盐分＝1.0×EC来表达。换算系数1.0的来源和渗透压与电导率之间的换算系数来源相同。

第三节　营养液的配制技术

无土栽培的第一步就是正确配制营养液，这是无土栽培的关键技术环节。如果配制方法不正确，某些营养元素会因沉淀而失效，或影响植物吸收，甚至导致植物死亡。

一、营养液的配制原则

营养液配制总的原则是确保在配制后和使用营养液时都不会产生难溶性化合物的沉淀。每一种营养液配方都潜伏着产生难溶性物质沉淀的可能性，这与营养液的组成是分不开的。营养液是否会产生沉淀主要取决于浓度。几乎任何化学平衡的配方在高浓度时都会产生沉淀。如 Ca^{2+} 与 SO_4^{2-} 相互作用产生 $CaSO_4$ 沉淀；Ca^{2+} 与磷酸根（PO_4^{3-} 或 HPO_4^{2-}）产生 $Ca_3(PO_4)_2$ 或 $CaHPO_4$ 沉淀；Fe^{3+} 与 PO_4^{3-} 产生 $FePO_4$ 沉淀，以及 Ca^{2+}、Mg^{2+} 与 OH^- 产生 $Ca(OH)_2$ 和 $Mg(OH)_2$ 沉淀。实践中运用难溶性物质溶度积法则作指导，采取以下两种方法可避免营养液中产生沉淀：一是对容易产生沉淀的盐类化合物实施分别配制，分罐保存，使用前再稀释、混合；二是向营养液中加酸，降低 pH 值，使用前再加碱调整。

二、营养液配制前的准备工作

（1）根据植物种类、生育期、当地水质、气候条件、肥料纯度、栽培方式以及成本大小，正确选用和调整营养液配方这是因为不同地区间水质和肥料纯度等存在着差异，会直接影响营养液的组成；栽培作物的品种和生育期不同，要求营养元素比例不同，特别是 N、P、K 三要素的比例；栽培方式，特别是基质栽培时，基质的吸附性和本身的营养成分都会改变营养液的组成。不同营养液配方的使用还涉及栽培成本问题。因此，配制前要正确、灵活调整所选用的营养液配方，在证明其确实可行之后再大面积应用。

（2）选好适当的肥料（无机盐类）　所选肥料既要考虑肥料中可供使用的营养元素的浓度和比例，又要注意选择溶解度高、纯度高、杂质少、价格低的肥料。

（3）阅读有关资料　在配制营养液之前，先仔细阅读有关肥料或化学品的说明书或包装说明，注意盐类的分子式、含有的结晶水、纯度等。

（4）选择水源并进行水质化验，作为配制营养液时的参考。

（5）准备好储液罐及其他必要物件　营养液一般配成浓缩 100～1000 倍的母液备用。每一配方要 2～3 个母液罐。母液罐的容积以 25 升或 50 升为宜，以深色不透光的为好。

三、营养液配制方法

营养液有浓缩液（也称母液）和工作液（也称栽培液）两种配制方法。生产上一般用浓缩储备液稀释成工作液，方便配制，如果营养液用量少时也可以直接配制工作液。

（一）浓缩液的配制

浓缩液的配制程序是：计算—称量—溶解—分装—保存。

1. 计算

按照要配制的浓缩液的体积和浓缩倍数计算出配方中各种化合物的用量。计算时注意以下几点。

① 无土栽培肥料多为工业用品和农用品，常有吸湿水和其他杂质，纯度较低，应按实际纯度对用量进行修正。

② 硬水地区应扣除水中所含的 Ca^{2+}、Mg^{2+}。例如，配方中的 Ca^{2+}、Mg^{2+} 分别由 $Ca(NO_3)_2 \cdot 4H_2O$ 和 $MgSO_4 \cdot 7H_2O$ 来提供，实际的 $Ca(NO_3)_2 \cdot 4H_2O$ 和 $MgSO_4 \cdot 7H_2O$ 的用量是配方量减去水中所含的 Ca^{2+}、Mg^{2+} 量。但扣除 Ca^{2+} 后的 $Ca(NO_3)_2 \cdot 4H_2O$ 中氮用量减少了，这部分减少了的氮可用硝酸（HNO_3）来补充，加入的硝酸不仅起到补充氮源的作用，而且可以中和硬水的碱性。加入硝酸后仍未能够使水中的 pH 值降低至理想的水平时，可适当减少磷酸盐的用量，而用磷酸来中和硬水的碱性。如果营养液偏酸，可增加硝酸钾用量，以补充硝态氮，并相应地减少硫酸钾用量。扣除营养液中镁的用量，$MgSO_4 \cdot 7H_2O$ 实际用量减少，也相应地减少了硫酸根（SO_4^{2-}）的用量，但由于硬水中本身就含有大量的硫酸根，所以一般不需要另外补充，如果有必要，可加入少量硫酸（H_2SO_4）来补充。在硬水地区硝酸钙用量少，磷和氮的不足部分由硝酸和磷酸供给。

2. 称量

分别称取各种肥料，置于干净容器或塑料薄膜袋中，或平摊地面的塑料薄膜上，以免损失。在称取各种盐类肥料时，注意稳、准、快，称量应精确到正负 0.1 以内。

3. 肥料溶解

将称好的各种肥料摆放整齐，最后一次核对无误后，再分别溶解，也可将彼此不产生沉淀的化合物混合一起溶解。注意溶解要彻底，边加边搅拌，直至盐类完全溶解。

4. 分装

浓缩液分别配成 A、B、C 三种浓缩液，分别用 3 个储液罐盛装。A 罐：以钙盐为中心，凡不与钙盐产生沉淀的化合物均可放在一起溶解。B 罐：以磷酸盐为中心，凡不与磷酸盐产生沉淀的化合物可放在一起溶解。C 罐：预先配制螯合铁溶液，然后将 C 灌浓缩液所需称量的其他各种化合物分别在小塑料容器中溶解，再分别缓慢倒入螯合铁溶液中，边加边搅拌。A、B、C 浓缩液均按浓缩倍数的要求加清水至需配制的体积，搅拌均匀后即可。浓缩液的浓缩倍数，要根据营养液配方规定的用量和各盐类的溶解度来确定，以不致过饱和而析出为准。其浓缩倍数以配成整数值为好，方便操作。一般比植物能直接吸收的均衡营养液高出 100～200 倍，微量元素浓缩液可浓缩至 1000 倍。

5. 保存

浓缩液存放时间较长时，应将其酸化，以防沉淀的产生。一般可用 HNO_3 酸化至 pH 值为 3～4，并存放塑料容器中，放在阴凉避光处保存。

（二）工作液的配制

1. 浓缩液稀释

浓缩液稀释的步骤如下。

第一步，计算好各种浓缩液需要移取的液量，并根据配方要求调整水的 pH 值。

第二步，在储液池或其他盛装栽培液的容器内注入所配制营养液体积的 50%～70% 的水量。

第三步，量取 A 母液倒入其中，开动水泵循环流动 30min 或搅拌使其扩散均匀。

第四步，量取 B 母液慢慢注入储液池的清水入口处，让水源冲稀 B 母液后带入储液池中参与流动扩散，此过程加入的水量以达到总液量的 80% 为度。

第五步，量取 C 母液随水冲稀带入储液池中参与流动扩散。加足水量后，循环流动 30min 或搅拌均匀。

第六步，用酸度计和电导率仪分别检测营养液的 pH 值和 EC 值，如果测定结果不符配方和作物要求，应及时调整。pH 值可用稀酸溶液（如硫酸、硝酸）或稀碱溶液（如氢氧化钾、氢氧化钠）调整。调整完毕的营养液，在使用前先静置一会儿，然后在种植床上循环 5～10 分钟左右，再测试一次 pH 值，直至与要求相符。

第七步，做好营养液配制的详细记录，以备查验。

2. 直接配制

第一步，按配方和欲配制的营养液体积计算所需各种肥料用量，并调整水的 pH 值；

第二步，配制 C 母液；

第三步，向储液池或其他盛装容器中注入 50%～70% 的水量；

第四步，称取相当于 A 母液的各种化合物，在容器中溶解后倒入储液池中，开启水泵循环流动 30 分钟；

第五步，称取相当于 B 母液的各种化合物，在容器中溶解，并用大量清水稀释后，让水源冲稀 B 母液带入储液池中，开启水泵循环流动 30 分钟，此过程所加的水以达到总液量的 80% 为度；

第六步，量取 C 母液并稀释后，在储液池的水源入口处缓慢倒入，开启水泵循环流动至营养液均匀为止；

第七步、第八步同浓缩液稀释法。

在荷兰、日本等国家，现代化温室中进行大规模无土栽培生产时，一般采用 A、B 两母液罐，A 罐中主要含硝酸钙、硝酸钾、硝酸铵和螯合铁，B 罐中主要含硫酸钾、硝酸钾、磷酸二氢钾、硫酸镁、硫酸锰、硫酸铜、硫酸锌、硼砂和钼酸钠，通常制成 100 倍的母液。为了防止母液罐出现沉淀，有时还配备酸液罐以调节母液酸度。整个系统由计算机控制调节，稀释、混合形成工作液。

在形成工作液的过程中，要防止由于加入母液速度过快造成局部浓度过高而出现大量沉淀。如果较长时间开启水泵循环之后仍不能使这些沉淀溶解时，应重新配制营养液。

四、营养液配制的操作规程

为了保证营养液配制过程中不出差错，需要建立一套严格的操作规程。内容如下。

① 仔细阅读肥料或化学品说明书，注意分子式、含量、纯度等指标，检查原料名实是否相符，准备好盛装储备液的容器，贴上不同颜色的标识。

② 原料的计算过程和最后结果要经过3名工作人员3次核对，确保准确无误。

③ 各种原料分别称好后，一起放到配制场地规定的位置上，最后核查无遗漏才动手配制。切勿在用料及配制用具未到齐的情况下匆忙动手操作。

④ 原料加水溶解时，有些试剂溶解太慢，可以加热；有些试剂如硝酸铵，不能用铁质的器具敲击或铲，只能用木、竹或塑料器具取用。

⑤ 建立严格的记录档案，以备查验。记录表格见表4-7、表4-8。

表 4-7 浓缩液配制记录簿

配方名称			使用对象	
A 母液	浓缩倍数		配制日期	
	体积		计算人	
B 母液	浓缩倍数		审核人	
	体积		配制人	
C 母液	浓缩倍数		备注	
	体积			
原料名称及称取量				

表 4-8　工作液配制记录簿

配方名称		使用对象		备注
营养液体积		配制日期		
计算人		审核人		
配制人		水 pH 值		
EC 值		营养液 pH 值		
原料名称 及称(移)取量				

第四节　营养液的管理

营养液的管理主要指循环供液系统中营养液的管理，非循环使用的营养液不回收使用，管理方法较为简单，将在以后章节中叙述。营养液的管理是无土栽培的关键技术，尤其在自动化、标准化程度较低的情况下，营养液的管理更重要。如果管理不当，则直接关系到营养液的使用效果，进而影响植物生长发育的质量。

一、营养液中溶解氧的调整

无土栽培尤其是水培，氧气供应是否充分和及时往往成为测定植物能否正常生长的限制因素。生长在营养液中的根系，其呼吸所用的氧，主要依靠根系对营养液中溶解氧的吸收。若营养液的溶解氧含量低于正常水平，就会影响根系呼吸和吸收营养，植物就表现出各种异常，甚至死亡。

（一）水培对营养液溶解氧浓度的要求

在水培营养液中，溶解氧的浓度一般要求保持在饱和溶解度 50% 以上，相当于在适合多数植物生长的液温范围（15～18℃）内，4～5 毫克/升的含氧量。这种要求是对栽培不耐淹浸的植物而言的。对耐淹浸的植物（即体内可以形成氧气输导组织的植物）这个要求可以降低。

（二）影响营养液氧气含量的因素

营养液中溶解氧的多少，一方面是与温度和大气压力有关，温度越高、大气压力越小，营养液的溶解氧含量就越低；反之，温度越低、大气压力越大，其溶解氧的含量就越高。另一方面是与植物根和微生物的呼吸有关，温度越高，呼吸消耗营养液中的溶解氧越多，这就是为什么在夏季高温季节水培植物根系容易产生缺氧的原因。例如，30℃下溶液中饱和溶解氧含量为 7.63 毫克/升，植物的呼吸耗氧量是 0.2～0.3 毫克/（小时·克）根，如每升营养液中长有 10 克根，则在不补给氧的情况下，营养液中的氧 2～3 小时就消耗完了。温度与溶解氧的关系见表 4-9。

表 4-9 温度与溶解氧的关系

温度/℃	溶解氧/（毫克/升）	温度/℃	溶解氧/（毫克/升）	温度/℃	溶解氧/（毫克/升）
0	14.62	14	10.37	28	7.92
1	14.23	15	10.15	29	7.77
2	13.84	16	9.95	30	7.63
3	13.48	17	9.74	31	7.5
4	13.13	18	9.54	32	7.4
5	12.80	19	9.35	33	7.3
6	12.48	20	9.17	34	7.2
7	12.17	21	8.99	35	7.1
8	11.87	22	8.83	36	7.0
9	11.59	23	8.68	37	6.9
10	11.33	24	8.53	38	6.8
11	11.08	25	8.38	39	6.7
12	10.83	26	8.22	40	6.6
13	10.60	27	8.07		

（三）增氧措施

1. 溶解氧的消耗速度

溶解氧的消耗速度主要决定于植物种类、生育阶段及单株占有营养液量。一般瓜类、茄果类作物的耗氧量较大，叶菜类的耗氧量较小。植物处于生长茂盛阶段、占有营养液量少的情况下，溶解氧的消耗速度快；反之则慢。日本山崎肯哉研究的资料中显示：夏种网纹甜瓜白天每株每小时耗氧量，始花期为 12.6 毫克/（株·小时）；结果网纹期为 40 毫克/（株·小时）。若设每株用营养液 15L，在 25℃时饱和含氧量为 $8.38 \times 15 = 125.7$ 毫克，则在始花期经 6 小时后可将含氧量消耗到饱和溶氧量的 50% 以下；在结果网纹期只经 2 小时即将含氧量降到饱和溶氧量的 50% 以下。

2. 增氧措施

溶存氧的补充来源，一是从空气中自然向溶液中扩散；二是人工增氧。自然扩散的速度较慢，增量少，只适宜苗期使用，水培及多数基质培中都采用人工增氧的方法。

人工增氧措施主要是利用机械和物理的方法来增加营养液与空气的接触机会，增加氧在营养液中的扩散能力，从而提高营养液中氧气的含量。具体的加氧方法有落差、喷雾、搅拌、压缩空气、循环流动、间歇供液、滴灌供液、夏季降低液温、降低营养液浓度、使用增氧器和化学增氧剂等。多种增氧方法结合使用，增氧效果更明显。

营养液循环流动有利于带入大量氧气，此法效果很好，是生产上普遍采用的办法。循环时落差大、溅泼面较分散、增加一定压力形成射流等都有利于增大补氧效果。从日本板木利隆研究的资料（表 4-10）中得知，停止流动 8 小时，营养液的含氧量从饱和溶解度的 70% 降至 54%，降了 16 个百分点，即每小时降 2 个百分点。设每株黄瓜占营养液 281（板木资料平均值），则每株每小时耗氧量为：5.03+5.03（自然扩散值）＝10.06 毫克/（株·小时）。恢复流动 8 小时，含氧量从饱和溶解度的 2% 上升至 73%，即每小时上升 8.9 个百分点。说明这种流速（在 1400 升液量中每分钟进入 23 升，占总液量的 1.64%）的增氧量大大超过黄瓜的耗氧量（每株占液 28 升，生育期为盛果期）。即可计算出安排间歇流动的时间：停 4 小时，流动 1 小时。

表 4-10　营养液循环流动增氧效果

液中含氧量(饱和溶解度的百分含量)	70	61	54	45	37	25	20	11	6	6	5	4	2	58	73
经过的时间/小时	0	4	8	12	16	20	24	28	32	36	40	44	48	52	56
循环流动起止标志	开始停止流动———————————————————→ 恢复流动														
液温	21℃———————→ 22℃														
槽内总液量及流速	总液量 1400 升，深 12 厘米，每分钟出进 23 升，每小时 1400 升														
种植作物日期与长相	黄瓜 9 月 1 日播种,10 月 20 日进入收瓜期,已在种植槽内长满根系														
测定日期	10 月 20 日下午 3 时起停止流动,22 日上午 11 时起恢复流动														

　　在固体基质的无土栽培中，为了保持基质中有充足的空气，可选用如珍珠岩、岩棉和蛭石等合适的多孔基质，还应避免基质积水。

二、营养液浓度的调整

　　由于作物生长过程中不断吸收养分和水分，加之营养液中的水分蒸发，从而引起营养液浓度、组成发生变化。因此，需要监测和定期补充营养液的养分和水分。

　　（一）水分的补充

　　水分的补充应每天进行，一天之内应补充多少次视作物长势、每株占液量和耗水快慢而定。以不影响营养液的正常循环流动为准。在储液池内划上刻度，定时使水泵关闭，让营养液全部回到储液池中，如其水位已下降到加水的刻度线，即要加水恢复到原来的水位线。

（二）养分的补充

养分的补充方法有以下几种。

方法一：根据化验了解营养液的浓度和水平。先化验营养液中 NO_3-N 的减少量，按比例推算其他元素的减少量，尔后加以补充，使营养液保持应有的浓度和营养水平。

方法二：从减少的水量来推算。先调查不同作物在无土栽培中水分消耗量和养分吸收量之间的关系，再根据水分减少量推算出养分的补充量，加以补充调整。例如，已知硝态氮的吸收与水分的消耗的比例，黄瓜为 70：100 左右；番茄、甜椒为 50：100 左右；芹菜为 130：100 左右。据此，当总液量 10000 升消耗 5000 升时，黄瓜需另追加 3500 升（5000×0.7）营养液，番茄、辣椒需追加 2500 升（5000×0.5）营养液，然后再加水到总量 10000 升。其他作物也以此类推。但作物的不同生育阶段，吸收水分和消耗养分的比例有一定差异，在调整时应加以注意。

方法三：从实际测定的营养液的电导率值变化来调整。这是生产上常用的方法。根据电导率与营养液浓度的正相关性，求出线形回归方程 $EC = a + bS$（见本章前面所述），再通过测定工作液的电导率值，就可计算出营养液浓度，据此再计算出需补充的营养液量。

在无土栽培中营养液的电导率目标管理值是经常进行调整的。营养液 EC 值不应过高或过低，否则对作物生长产生不良影响。因此，应经常通过检查调整，使营养液保持适宜的 EC 值。在调整时应逐步进行，不应使浓度变化太大。电导率调整的原则有以下几点。

1. 针对栽培作物不同调整 EC 值

不同蔬菜作物对营养液的 EC 值的要求不同，这与作物的耐肥性和营养液配方有关。如在相同栽培条件下，番茄要求的营养液比莴苣要求的浓度高些。虽然如此，各种作物都有一个适宜浓度范围。就多数作物来说，适宜的 EC 值范围为 0.5～3.0 毫西门子/厘米，过高不利于生育。

2. 针对不同生育期调整 EC 值

作物在不同生育期要求的营养液 EC 值不应完全一样，一般苗期略低，生育盛期略高。如日本有的资料报道，番茄在苗期的适宜 EC 值为 0.8～1.0 毫西门子/厘米，定植至第一穗花开放为 1.0～1.5 毫西门子/厘米，结果盛期为 1.5～2.0 毫西门子/厘米。

3. 针对不同栽培季节、温度条件调整 EC 值

营养液的 EC 值受温度影响而发生变化，在一定范围内，随温度升高有增高的趋势。一般来说，营养液的 EC 值，夏季要低于冬季。番茄用岩棉栽培冬季栽培的营养液 EC 值应为 3.0～3.5 毫西门子/厘米，夏季降至 2.0～2.5 毫西门子/厘米为宜。

4. 针对栽培方式调整 EC 值

同一种作物采用无土栽培的方式不同，EC 值调整也不一样。例如，番茄水培和基质培相比，一般定植初期营养液的浓度都一样，到采收期基质培的营养液浓度比水培的低，这是因为基质会吸附营养之故。

5. 针对营养液配方调整 EC 值

同样用于栽培番茄的日本山崎配方和美国 A-H 营养液配方，它们的总浓度相差 1 倍以上。因此在补充养分的限度就有很大区别（以每株占液量相同而言）。采用低浓度的山崎配方补充养分的方法是：每天都补充，使营养液常处于 1 个剂量的浓度水平。即每天监测电导率以确定营养液的总浓度下降了百分之几个剂量，下降多少补充多少。采用高浓度的美国 A-H 配方种植时补充养分的方法是：

以总浓度不低于 1/2 个剂量时为补充界限。即定期测定液中电导率，如发现其浓度已下降到 1/2 个剂量的水平时，即行补充养分，补回到原来的浓度。隔多少天会下降到此限，视生育阶段和每株占液量多少而变。个人应在实践中自行积累经验而估计其天数。初学者应每天监测其浓度的变化。

应该注意的是营养液浓度的测定要在营养液补充足够水分使其恢复到原来体积时取样，而且一般生产上不做个别营养元素的测定，也不做个别营养元素的单独补充，要全面补充营养液。

三、营养液酸碱度的控制

（一）营养液 pH 值对植物生长的影响

营养液的 pH 值对植物生长的影响有直接和间接两方面。直接的影响是，当溶液 pH 值过高或过低时，都会伤害植物的根系。据 Hewitt 概括的历史资料显示：明显的伤害范围在 pH 值为 4～9 之外。有些特别耐碱或耐酸的植物可以在这范围之外正常生长。例如，蕹菜在 pH 值＝3 时仍可生长良好。在 pH 值为 4～9 范围内各种植物还有其更加适宜的小范围。间接的影响是，使营养液中的营养元素有效性降低以至失效。pH＞7 时，P、Ca、Mg、Fe、Mn、B、Zn 等的有效性都会降低，特别是 Fe 最突出；pH＜5 时，由于 H^+ 浓度过高而对 Ca^{2+} 产生显著的拮抗，使植物吸不足 Ca^{2+} 而出现缺 Ca 症。有时营养液的 pH 值虽然处在不会伤害植物根系的范围（pH 值为 4～9），仍会出现由于营养失调而生长不良的情况。所以，除了一些特别嗜酸或嗜碱的植物外，一般将营养液 pH 值控制在 5.5～6.5。

（二）营养液 pH 值发生变化的原因

营养液的 pH 值发生变化主要受营养液配方中生理酸性盐和生理碱性盐的用量和比例、栽培作物种类、每株植物根系占有的营养液体积大小、营养液的更换速率等多种因素的影响。生产上选用生理酸碱变化平衡的营养液配方，可减少调节 pH 值的次数。植株根系占有营养液的体积越大，则其 pH 值的变化速率就越慢、变化幅度越小。营养液更换频率越高，则 pH 值变化速度延缓、变化幅度也小。但更换营养液不控制 pH 值变化不经济，费力费时，也不实际。

（三）营养液 pH 值的检测方法

检测营养液 pH 值的常用方法有试纸测定法和电位法两种。

1. 试纸测定法

取一条试纸浸入营养液样品中，半秒钟后取出与标准色板比较，即可知营养液的 pH 值。试纸最好选用 pH 值为 4.5～8 的精密试纸。

2. 电位法

电位法是采用 pH 计测定营养液 pH 值的方法。在无土栽培中，应用 pH 计测试 pH 值，方法简便、快速、准确、精度较高，适合于大型无土栽培基地使用。常用的酸度计为 PHS-2 型酸度计。

（四）营养液 pH 值的控制

控制有两种含义：一是治标，即 pH 值不断变化时采取酸碱中和的办法进行调节。二是治本，即在营养液配方的组成上，使用适当比例的生理酸性盐和生理碱性盐，使营养液内部酸碱变化稳定在一定范围内。

1. 选用生理平衡的配方

营养液的 pH 值因盐类的生理反应而发生变化，其变化方向视营养液配方而定。选用生理平衡的配方能够使 pH 值变化比较平稳，可以减少调整的麻烦，达到治本的目的。

2. 酸碱中和

pH 值上升时，用稀酸溶液如 H_2SO_4 或 HNO_3 溶液中和。

H_2SO_4 溶液的 SO_4^{2-} 虽属营养成分，但植物吸收较少，常会造成盐分的累积；NO_3^- 植物吸收较多，盐分累积的程度较轻，但要注意植物吸收过多的氮而造成体内营养失调。生产上多用 H_2SO_4 调节 pH 值。中和的用酸量不能用 pH 值做理论计算来确定。因营养液中有高价弱酸与强碱形成的盐类存在，如 K_2HPO_4、$Ca(HCO_3)_2$ 等，其离解是逐步的，会对酸起缓冲作用。因此，必须用实际滴定曲线的办法来确定用酸量。具体做法是取出定量体积的营养液，用已知浓度的稀酸逐滴加入，随时测其 pH 值的变化，达到要求值后计算出其用酸量，然后推算出整个栽培系统的总用酸量。应加入的酸要先用水稀释，以浓度为 $1\sim2mol/L$ 为宜，然后慢慢注入储液池中，随注随搅拌或开启水泵进行循环，避免加入速度过快或溶液过浓而造成的局部过酸而产生 $CaSO_4$ 的沉淀。

pH 值下降时，用稀碱溶液如 NaOH 或 KOH 中和。Na^+ 不是营养成分，会造成总盐浓度的升高。K^+ 是营养成分，盐分累积程度较轻，但其价格比较贵，且多吸收了也会引起营养失调。生产上最常用的还是 NaOH。具体进行可仿照以酸中和碱性的做法。这里要注意的是局部过碱会产生 $Mg(OH)_2$、$Ca(OH)_2$ 等沉淀。

四、光照与液温管理

（一）光照管理

营养液受阳光直照时，对无土栽培是不利的。因为阳光直射使溶液中的铁产生沉淀，另外，阳光下的营养液表面会产生藻类，与栽培作物竞争养分和氧气。因此在无土栽培中，营养液应保持暗环境。

（二）营养液温度管理

1. 营养液温度对植物的影响

营养液温度即液温直接影响到根系对养分的吸收、呼吸和作物生长，以及微生物活动。植物对低液温或高液温其适宜范围都是比较窄的。温度的波动会引起病原菌的滋生和生理障碍的产生，同时会降低营养液中氧的溶解度。稳定的液温可以减少过低或过高的气温对植物造成的不良影响。例如，冬季气温降到10℃以下，如果液温仍保持在16℃，则对番茄的果实发育没有影响，在夏季气温升到32～35℃时，如果液温仍保持不超过28℃，则黄瓜的产量不受影响，而且显著减少劣果数。即使是喜低温的鸭儿芹，如能保持液温在25℃以下，也能使夏季栽培的产量正常。

一般来说，夏季的液温保持不超过28℃，冬季的液温保持不低于15℃，对适应于该季栽培的大多数作物都是适合的。

2. 营养液温度的调整

除大规模的现代化无土栽培基地外，我国多数无土栽培设施中没有专门的营养液温度调控设备，多数是在建造时采用各种保温措施。具体做法是：①种植槽采用隔热性能高的材料建造，如泡沫塑料板块、水泥砖块等；②加大每株的用液量，提高营养液对温度的缓冲能力；③设深埋地下的储液池。

营养液加温可采取在储液池中安装不锈钢螺纹管，通过循环于其中的热水加温或用电热管加温。热水来源于锅炉加热、地热或厂矿余热加温。最经济的强制冷却降温方法是抽取井水或冷泉水通过储液池中的螺纹管进行循环降温。

无土栽培中应综合考虑营养液的光、温状况，光照强度高，温度也应该高；光照强度低，温度也要低，强光低温不好，弱光高温也不好。

五、供液时间与供液次数

营养液的供液时间与供液次数，主要依据栽培形式、植物长势长相、环境条件而定。在栽培过程中都应考虑适时供液，保证根系得到营养液的充分供应，从经济用液考虑，最好采取定时供液。掌握供液的原则是：根系得到充分的营养供应，但又能达到节约能源和经济用肥的要求。一般在用基质栽培的条件下，每天供液 2～4 次即可，如果基质层较厚，供液次数可少些，基质层较薄，供液次数可多些。NFT 培每日要多次供液，果菜每分钟供液量为 2 升，而叶菜仅需 1 升。作物生长盛期，对养分和水分的需要大，因此，供液次数应多；每次供液的时间也应长。供液主要集中在白天进行，夜间不供液或少供液。晴天供液次数多些，阴雨天可少些；气温高、光线强时供液多些；温度低、光线弱时供液少些。应因时因地制宜，灵活掌握。

六、营养液的更换

循环使用的营养液在使用一段时间以后，需要配制新的营养液将其全部更换。更换的时间主要决定于有碍作物正常生长的物质在营养液中累积的程度。这些物质主要来源于：营养液配方所带来的非营养成分（$NaNO_3$ 中的 Na、$CaCl_2$ 中的 Cl 等）；中和生理酸碱性所产生的盐；使用硬水作水源时所带的盐分；植物根系的分泌物和脱落物以及由此而引起的微生物分解产物等。积累多了，造成总盐浓度过高而抑制作物生长，也干扰了对营养液养分浓度的准确测量。判断营养液是否更换的方法如下。

① 经过连续测量，营养液的电导率值居高不降。

② 经仪器分析，营养液中的大量元素含量低而电导率值高。

③ 营养液有大量病菌而致作物发病，且病害难以用农药控制。

④ 营养液浑浊。

⑤ 如无检测仪器，可考虑用种植时间来决定营养液的更换时间。一般在软水地区，生长期较长的作物（每茬 3～6 个月，如果菜类）可在生长中期更换 1 次或不换液，只补充消耗的养分和水

分，调节 pH 值。生长期较短的作物（每茬 1～2 个月，如叶菜类），可连续种 3～4 茬更换 1 次。每茬收获时，要将脱落的残根滤去，可在回水口安置网袋或用活动网袋打捞，然后补足所欠的营养成分（以总剂量计算）。硬水地区，生长期较短的蔬菜一般每茬更换一次，生长期较长的果菜每 1～2 个月更换一次营养液。

七、经验管理法

（一）"三看两测"管理法

营养液管理不同于土壤施肥，营养液只是配制好的溶液，特别是蔬菜专业户，缺少检测手段，更难于管理。杨家书根据多年积累的经验，提出"三看两测"管理办法。"一看"营养液是否混浊及漂浮物的含量；"二看"栽培作物生长状况，生长点发育是否正常，叶片的颜色是否老健清秀；"三看"栽培作物新根发育生长状况和根系的颜色。"两测"为每日检测营养液的 pH 值 2 次，每 2 日测 1 次营养液的电导率（EC 值）。根据"三看两测"进行综合分析，然后对营养液进行科学的管理。

（二）其他经验管理法

一些缺乏化学检测手段的无土栽培生产单位，也可采用以下方法来管理营养液：第一周使用新配制的营养液，在第一周末添加原始配方营养液的 1/2，在第二周末将营养液罐中剩余的营养液全部倒掉，从第三周开始再重新配制新的营养液，并重复上述过程。这种方法简单实用。

八、废液处理与再利用

无土栽培系统中排出的废液，并非含有大量的有毒物质而不能排放。主要是因为大面积栽培时，大量排出的废液将会影响地下水水质，如大量排向河流或湖泊将会引起水的富营养化。另外，即使有基质栽培的排出废液量少，但随着时间推移也将对环境产生不良的影响。因此，经过处理后重复循环利用或回用作肥料等是比较经济且环保的方法。处理方法有杀菌和除菌、除去有害物质、调整离子组成等。营养液杀菌和除菌的方法有紫外线照射、高温加热、沙石过滤器过滤、药剂杀菌等。除去有害物质可采用砂石过滤器过滤或膜分离法。

经过处理的废液收集起来，用于同种作物或其他作物的栽培或用作土壤栽培的肥料，但需与有机肥合理搭配使用。

第五章 无土栽培育苗技术

第一节 无土育苗的概念及特点

一、无土育苗的概念

无土育苗是指不用天然土壤，而用蛭石、草炭、珍珠岩、岩棉、矿棉等轻质人工或天然基质进行育苗。无土育苗除了用于无土栽培外，目前也大量用于土壤栽培。无土育苗又可分为穴盘无土育苗和简易无土育苗。

1. 穴盘无土育苗

穴盘无土育苗又叫机械化育苗或工厂化育苗，是以草炭、蛭石等轻质材料作基质，装入穴盘中，采用机械化精量播种，一次成苗的现代化育苗体系。是目前育苗技术的改革，能充分发挥无土育苗的优越性，是无土育苗的主要方式。穴盘育苗技术诞生于20世纪60年代，20世纪70年代开始较大面积发展起来。从全世界范围来看，穴盘育苗普及推广面积最大的是美国。我国是20世纪80年代中期将这项育苗技术正式引进，"七五"期间，北京郊区相继建起了花乡、双青、朝阳三座育苗场，均采用国外引进生产线，国内配套附属设施，科研单位和相关部门承担技术设备引进和研究工作。

2. 简易无土育苗

简易无土育苗是以草炭、蛭石等轻质材料作基质，利用营养钵或穴盘进行的人工育苗。是在没有实行规模化育苗，不能实行机械化育苗时，分散个体育苗时采用的方法。

二、穴盘无土育苗的特点

1. 省工、省力、机械化生产效率高

采用精量播种，一次成苗，从基质混拌、装盘、播种、覆盖至浇水、施肥、打药等一系列作业实现了机械化自动控制，比常规育苗缩短苗龄 10～20 天，劳动效率提高 5～7 倍。常规育苗人均管理 2.5 万株，无土育苗人均管理 20 万～40 万株。由于机械化作业管理程度高，减轻了劳动强度，减少了工作量。

2. 节省能源、种子和育苗场地

干籽直播，一穴一粒，节省种子。穴盘育苗集中，单位面积上育苗量比常规育苗量大，根据穴盘每盘的孔数不同，每公顷地可育苗 315 万～1260 万株。

3. 成本低

穴盘育苗与常规育苗比，成本可降低 30%～50%。

4. 便于规模化生产及管理

穴盘育苗采用标准化的机械设备，生产效率高，便于制定从基质混拌、装盘、播种、覆盖至浇水、施肥、打药等一系列作业的技术规程，形成规模化生产及管理。

5. 幼苗质量好、没有缓苗期

由于幼苗抗逆性强，定植时带坨移栽，缓苗快，成活率高。

6. 适合远距离运输

穴盘育苗是以轻基质无土材料作育苗基质，具有密度小、保水能力强、根坨不易散，可保证运输当中不死苗等特点，适合远距离运输。穴盘苗质量轻，每株重量仅为 30～50 克，是常规苗的 6%～10%。

7. 适合于机械化移栽

移栽效率提高 4～5 倍，为蔬菜生产机械化开辟了广阔的前景。

8. 有利于规范化管理，提高商品苗质量

由于穴盘育苗采用工厂化、专业化生产方式育苗，有利于推广优良品种，减少假冒伪劣种子的泛滥危害，提高商品苗质量。

第二节　无土育苗的设备

一、精量播种系统

1. 机械转动式精量播种机

对种子的形状要求极为严格，种子需要进行丸粒化方能使用。

进口机械转动式精量播种机，是以美国加利福尼亚州文图尔公司生产的精量播种生产线为代表，其工作包括基质混拌、装盘、压穴播种、覆盖喷水等一系列作业，每小时播种 500～800 盘，最高时速可达 1500 盘。

国产机械转动式精量播种机，原理和文图尔机械大同小异，体积较进口的偏小，但速度和播种质量不如进口机械，如图 5-1 所示。

图 5-1　滚筒式机械精量播种机

2. 气吸式精量播种机

对种子的形状要求不甚严格，种子不需要进行丸粒化，但应注意不同粒径大小的种子，应配有不同规格的播种盘。一般都是进口机械，如图 5-2 所示。

图 5-2　气吸式精量播种机

3. 全自动气吸式精量播种机

以西班牙的气吸式精量播种机速度较快，每次可播种一盘。

4. 手动气吸式精量播种机

为美国和韩国进口的，播种速度每小时 60～120 盘。

二、穴盘

因选用材质不同，可分为纸格穴盘、聚乙烯穴盘、聚苯乙烯穴盘。根据制作工艺不同可分为美式和欧式两种类型。美式盘大多为塑料片材吸塑而成，而欧式盘是选用发泡塑料注塑而成。制作材料上相比较而言，美式盘较适合我国应用，目前国内育苗主要选用的是美式穴盘。

国际上使用的穴盘，外形大小多为 54.9 厘米×27.8 厘米，小穴深度视孔大小而异，3～10 厘米不等。每个苗盘有 50～800（50、72、128、200、288、392、512、648）个孔穴等多种类型。目前国内选用的是美国（Polyform）公司的穴盘和韩国生产的穴盘，常见穴盘规格为 72 孔、128 孔、288 孔。美国穴盘每盘容积分别为 4630 毫升、3645 毫升和 2765 毫升。美式吸塑穴盘分重型、轻型和普通型三种，轻型盘重 130 克左右，中型盘重 200 克以上，购置轻型盘比重盘可节省 30% 开支，但从寿命来看，重盘重复使用次数较轻盘好，如果精心使用，每个穴盘可连续用 2～3 年。韩国穴盘相比，72 孔容积偏小，仅为 3186 毫升，128 孔和 288 孔容积比美国穴盘容积大，分别为 4559 毫升和 2909 毫升，每个盘重为 180 克以上，价格比美国穴盘便宜。

三、育苗基质

育苗基质是无土育苗成功与否的关键因素之一，目前主要有草炭、蛭石、珍珠岩，此外，蘑菇渣、腐叶土、处理后的酒糟、锯末、玉米芯等均可作为基质材料。其中以草炭最常用，特别是草炭有其他基质混合的混合基质。国内穴盘育苗多采用 2∶1 的草炭∶蛭石或 3∶1 的草炭∶蛭石。国内外穴盘育苗普遍采用草炭 50%～60%，蛭石 30%～40%，珍珠岩 10%。如图 5-3 所示为盘式育苗基质。

图 5-3　盘式育苗基质

四、育苗床架

育苗床架设置的作用：一是为育苗者作业方便；二是可以提高

育苗盘的温度；三是可防止幼苗的根扎入地下，有利于根坨的形成。

育苗床架分为固定式和可移动式，由床屉和支架两部分组成。一般床屉规格为宽 84 厘米（穴盘宽度的 3 倍），长 217 厘米（穴盘长度的 4 倍），高度为 50～70 厘米。每个床屉得放 12 个穴盘，一个 95 米长、6 米宽的温室可容纳 2592 个穴盘。

五、肥水供给系统

喷肥喷水设备是工厂化育苗必要设备之一，喷肥喷水设备的应用可以减少劳动强度，提高劳动效率，操作简便，有利于实现自动化管理。此系统包括压力泵、加肥罐、管道、喷头等。要求喷头喷水量要均匀。可分为固定式和行走式两种。

1. 行走式喷水喷肥设备

行走式喷水喷肥车要求行走速度平稳，又可分为悬挂式行走喷水喷肥车和轨道式行走喷水喷肥车。悬挂式行走喷水喷肥车比轨道式行走喷水喷肥车节省轨道占地，但是对温室骨架要求严格，必须结构合理、坚固耐用。

2. 固定式喷水喷肥设备

固定式喷水喷肥设备是在苗床架上安装固定的管道和喷头。此外，需要性能良好的育苗温室和催芽室、成苗室。

第三节　无土育苗技术种子处理

一、种子消毒

采用常规的温汤浸种或药剂处理对种子进行消毒，然后将种子风干或丸粒化备用。

二、种子活化处理

可加快种子萌发速度，提高种子发芽率、整齐度、活力。

（一）赤霉素活化茄子种子

将茄子种子置于 55～60℃ 的温水中，搅拌至水温 30℃，然后浸泡 2 小时，取出种子稍加风干后置于 500～1000 毫克/升赤霉素溶液中浸泡 24 小时，把种子风干备用或进行种子丸粒化。

（二）硝酸钾活化处理芹菜种子

用 2%～4% 浓度的硝酸钾溶液，在 20℃±1℃ 的温度下振荡或通气处理 6 天，取出种子风干备用或进行种子丸粒化。用硝酸钠、氯化钠、氯化镁处理蔬菜种子均有活化作用。

（三）微量元素浸种

用 500～1000 毫克/升的硼酸、硫酸锰、硫酸锌、钼酸铵等溶液对茄果类种子浸种 24 小时，可壮苗。

（四）种子包衣和种子丸粒化

种子包衣始于 20 世纪 30 年代英国的一个种子公司，大规模商业化种子包衣于 20 世纪 60 年代开始，现在种子包衣技术已广泛用于蔬菜、花卉及大田种子。

1. 种子丸粒化材料

种子丸粒化是用可溶性胶将填充料以及一些有益于种子萌发的附料黏合在种子表面，使种子成为一个个表面光滑、形状大小一致的圆球形，使其粒径变大，重量增加。其目的是有利于播种机工作，节省种子用量。种子丸粒化材料主要是以硅藻土作为填充料，还可用蛭石粉、滑石粉、膨胀土、炉渣灰等。填充粒径一般是35～70 目。常用的可溶性胶有阿拉伯胶、树胶、乳胶、聚酯酸乙烯酯、聚乙烯吡咯烷酮、羧甲基纤维素、甲基纤维素、醋酸乙烯共聚物，以及糖类等。种子包衣过程中亦可加入抗菌剂、杀虫剂、肥料、种子活化剂、微生物菌种、吸水性材料等。

2. 种子丸粒化加工方法

一是气流成粒法。通过气流作用，使种子在造丸筒中处于漂浮状态。包衣料和黏结剂随着气流喷入造丸筒，吸附在种子表面，种子在气流作用下不停地运动，相互撞击和摩擦，把吸附在表面的包衣料不断压实，最后在种子表面形成包衣。目前我国还未见使用该方法报道。

二是载锅转动法。将种子放在立式圆形载锅中，载锅不停地转动，先用高压喷枪将水喷成雾状，均匀地喷在种子表面，然后将填充料均匀地加进旋转锅中，使种子不停转动，使其愈滚愈大，当种子粒径即将达到预定的大小时，将可溶性糖胶用高压喷枪喷洒在种子表面，再加入一些包衣料，使其表面光滑、坚实。

丸粒化后的种子放入振动筛中，筛出过大过小的种子。将过筛后的种子放入烘干机中，在 30～40℃ 条件下烘干。合格的丸粒化种子，应达到遇水后能迅速崩裂的标准，以利于播种后种子能迅速吸水萌发。目前，我国主要采用此种方法进行丸粒化加工。

（五）穴盘及苗龄的选择

1. 穴盘及苗龄的选择

穴盘的孔数多少要与苗龄大小相适应，才能满足幼苗生长发育需要的营养面积（表 5-1）。

表 5-1 穴盘及苗龄的选择

种 类	穴盘/孔	育苗期/天	成苗标准/叶数
冬春季茄子	288(128)	30～35	2 叶 1 心
	128(72)	70～75	4～5
	72(50)	80～85	6～7
冬春季甜椒	288(128)	28～30	2 叶 1 心
	128(72)	75～80	8～10

第
五
章
无
土
栽
培
育
苗
技
术

种　类	穴盘/孔	育苗期/天	成苗标准/叶数
冬春季番茄	288(128)	22～25	2 叶 1 心
	128(72)	45～50	4～5
	72(50)	60～65	6～7
夏秋季番茄	200 或 72	18～22	3 叶 1 心
夏播芹菜	288(128)	50 左右	4～5
	128(72)	60 左右	5～6
生菜	288(128)	25～30	3～4
	128(72)	35～40	4～5
黄瓜	72(50)	25～35	3～4
大白菜	288(128)	15～18	3～4
	128(72)	18～20	4～5
结球甘蓝	288(128)	20 左右	2 叶 1 心
	128(72)	75～80	5～6
花椰菜	288(128)	20 左右	2 叶 1 心
	128(72)	75～80	5～6
孢子甘蓝	288(128)	20～25	2 叶 1 心
	128(72)	65～70	5～6
羽衣甘蓝	288(128)	30～35	3 叶 1 心
	128(72)	60～65	5～6
木耳菜	288(128)	30～35	2～3
蕹菜	288(128)	25～30	5～6
菜豆	128(72)	15～18	2 叶 1 心

2. 苗盘的清洗和消毒

育苗后的穴盘应进行清洗和消毒，见图 5-4 所示。

消毒常见的有以下几种。

一是甲醛消毒法。将穴盘放进稀释 100 倍的 40％甲醛溶液中

图 5-4　苗盘清洗和消毒

（即 1 升甲醛加 99 升水），浸泡 30 分钟，取出晾干备用。

二是漂白粉消毒法。将穴盘放进稀释 100 倍的漂白粉溶液中（即 1 千克漂白粉加 99 千克水），浸泡 8～10 小时，取出晾干备用。

三是甲醛、高锰酸钾消毒法。即是将穴盘放入密闭的房间中，每立方米用 40％甲醛 30 毫升，高锰酸钾 15 克。将高锰酸钾分放在罐头瓶中，倒入甲醛，然后密闭房间 24 小时。

第四节　适宜基质及配方的选择

我国无土育苗基质主要是草炭、蛭石、珍珠岩。由于加入珍珠岩后，基质容易产生青苔，因此主要采用草炭和蛭石。

基质中加适量的肥料，供给幼苗生长发育需要的营养。育苗期间不浇营养液只浇清水，可以避免因浇液勤而造成的空气湿度过大，发生病害，同时减少了配制营养液的麻烦，简化管理。育苗基质中化肥的适宜用量见表 5-2。

表 5-2 育苗基质中化肥的适宜用量

单位：毫克/立方米基质

蔬菜种类	氮磷钾（NPK）复合肥 （15：15：15）	尿素＋磷酸二氢钾	
冬春茄子	3～3.4	1.5	1.5
冬春辣椒	2.2～2.7	1.3	1.5
冬春番茄	2.0～2.5	1.2	1.2
春黄瓜	1.9～2.4	1.0	1.0
夏播番茄	1.5～2.0	0.8	0.8
夏播芹菜	0.7～1.2	0.5	0.5
生菜	0.7～1.2	0.5	0.7
甘蓝	2.6～3.1	1.5	0.8
西瓜	0.5～1.0	0.3	0.5
花椰菜	2.6～3.1	1.5	0.8
芥蓝	0.7～1.2	0.5	0.7
芦笋	2.2～2.7	1.3	1.5
甜瓜	1.9～2.4	1.0	1.0
西葫芦	1.9～2.4	1.0	1.0
洋葱	0.7～1.2	0.5	0.5

穴盘育苗基质矿质元素含量标准见表 5-3。

表 5-3 穴盘育苗基质矿质元素含量标准

矿质元素	含量/（毫克/升）
硝态氮（NH_4^+-N）	＜20
铵态氮（NO_3^--N）	40～100
磷（P）	3～5
钾（K）	60～150
钙（Ca）	80～200
镁（Mg）	30～70

基质反复使用应进行消毒，方法如前所述。一般采用 40％甲醛稀释 50～100 倍，均匀地喷洒在基质上，每立方米基质喷洒 10～20 千克，充分混合均匀后，盖上塑料薄膜闷 24 小时，然后揭掉薄膜，待药味散发后使用。

第五节　无土栽培的播种

无土育苗多采用分格室的育苗盘，播种时每穴一粒种子，成苗时一室一株，因此要求播种技术十分严格。可分为全自动机械播种、手动机械和手工播种 3 种方式。其作业程序包括采用基质混合、装盘、压穴、播种、覆盖和喷水。全自动机械播种以上全部作业程序均使用自动机械完成，一穴一粒的准确率达到 95％以上才是较好的播种质量。手动机械播种是采用机械播种，手工播种是手工点籽，其他作业都用手工完成。

一、基质混合

无土育苗主要采用草炭和蛭石，其比例为 2 份草炭加 1 份蛭石，或 3 份草炭加 1 份蛭石。如果按 2 份草炭加 1 份蛭石的比例配制基质，此外按配方加入化肥。基质混合均匀后加入适量水分，使基质含水量达到 40％～45％。基质过干或过湿均会影响种子发芽。穴盘规格及其基质用量见表 5-4。

二、装盘

将混合好的基质装入穴盘中，装满，用刮板刮平，特别是四角和四周的孔穴一定要装满，否则基质深浅不一，播种深度不一致，影响幼苗出土的一致性；基质装量多少不一，影响基质保水性和幼苗营养供给。

表 5-4 穴盘规格及其基质用量

产地	规格 /穴	上口边长 /厘米	下口边长 /厘米	穴深 /厘米	容积 /(毫升/盘)	装盘数 /(个/立方米)	基质用量 /(立方米/千盘)
美国	72	4.2	2.4	5.5	4633	215	4.65
	128	3.1	1.5	4.8	6343	274	3.65
	288	2.0	0.9	4.0	2765	362	2.76
韩国	72	3.8	2.0	4.8	3186	313	3.20
	128	3.0	1.4	6.5	4559	219	4.57
	288	2.0	0.9	4.6	2909	343	2.92

三、压穴

装好的盘要进行压穴，以利于将种子播入其中。可用专门制作压穴器压穴，也可将装好基质的穴盘垂直码放在一起，4～5 盘一摞，两手平放在盘上均匀下压至要求深度为止。

四、播种

将种子点在压好穴的盘中，或用手动播种机播种，每穴一粒，避免漏播。一般是干籽播种适合于机械化播种育苗，同时应配套催芽室等保证发芽温度的温室设施。

五、覆盖

播种后用混合好的基质覆盖穴盘，方法是将基质倒在穴盘上，用刮板刮去多余的基质，覆盖基质不要过厚，与格室相平为宜。

六、浇水

播种覆盖后及时浇水，浇水一定浇透，以穴盘底部的渗水口看到水滴为宜。低温期覆盖浇水之后穴盘表面覆盖地膜，保温保湿。

高温期还要用遮阳网或在地膜上覆盖纸被等遮光，防止烤苗。

七、温度

苗期对温度适应力较强，但根系对温度适应范围较小。几种主要蔬菜育苗适宜温度见表 5-5。

表 5-5 几种主要蔬菜育苗适宜温度

蔬菜种类	气温/℃			土温/℃	
	昼适温	夜适温	夜最低温	适温	实用最低温
番茄	20～25	12～16	5	20～23	13
茄子	23～28	16～20	10	23～25	15
辣椒	23～28	17～20	12	23～25	15
黄瓜	22～28	15～18	10	20～25	15
南瓜	23～30	18～20	10	20～25	15
西瓜	25～30	20	15	23～25	15
甜瓜	18～26	20	13	23～25	15
菜豆	18～26	13～18	12	18～23	15
毛豆	15～22	13～18	13	18～23	15
白菜	15～22	8～15	8	15～18	15
甘蓝	15～22	8～15	5	15～18	13
花椰菜	15～22	8～15	5	15～18	13
莴苣	15～22	8～15	5	15～18	13
芹菜	15～22	8～15	5	15～18	12
草莓	15～22	8～15	8	15～18	15

第六章　无土栽培管理技术

不论采用何种类型的无土栽培，管理作为最重要的技术环节必须掌握。尤其是温度、水分、施肥、湿度、病虫害防治、保护地设施及材料消毒等环节是影响无土栽培成功的关键因素，必须有所了解。

第一节　温湿度管理技术

一、温度管理

播种后将苗盘放入催芽室等保温好的温室中，当种子发芽个别出土时，揭掉地膜，见光，防止烤苗。如果不能保证温度，应铺设电热线或采取其他方式加温。如果夏季高温应采取遮阳措施，防止烂种。喜温蔬菜（如果菜类、豆类）发芽的适宜温度为 25～30℃。适于适温为白天 20～30℃，夜间 13～18℃；耐寒蔬菜（如白菜类、根菜类、绿叶菜类）适宜的发芽温度为 15～25℃。适于适温为白天 18～22℃，夜间 8～12℃；原产温带的花卉多数种类的发芽适宜温度为 20～25℃；耐寒性宿根花卉及露地二年生花卉种子发芽适宜温度为 15～20℃；热带花卉种子发芽温度为 32℃。生长温度白天为 15～30℃，夜间为 10～18℃。

二、湿度管理

（一）浇水

只要观察到基质基本干了就要浇水，每次浇透水，以穴盘底部的渗水口看到水滴为宜，防止基质营养流失。穴盘育苗基质量少、疏松失水较快，浇水次数要频繁。由于孔穴较小，往往浇水不均匀，特别是穴盘四周和四角易干，要浇到，多停留，必要时要个别补浇。一般夏季每天浇水 1～2 次，冬季几天浇一次水。如果浇水次数过多，植物容易徒长，减少基质透气性，对根系造成损伤，从而容易感染病菌。不同生育阶段基质水分含量见表 6-1。

表 6-1　不同生育阶段基质水分含量（相当于最大持水量的百分含量）

蔬菜种类	播种至出苗/%	子叶展开至 2 叶 1 心/%	3 叶 1 心至成苗/%
茄子	85～90	70～75	65～70
辣椒	85～90	70～75	65～70
番茄	75～85	65～70	60～65
黄瓜	85～90	75～80	75
芹菜	85～90	75～80	70～75
生菜	85～90	75～80	70～75
甘蓝	75～85	70～75	55～60

遇到以下状况，水只到穴孔一半比较合适。

① 天气由晴转阴、转冷，或者温室内湿度特别高，水分蒸发较慢，蒸腾作用较低，穴盘不易变干。

② 穴孔下半部仍旧有一定湿度。

③ 第二天需要对幼苗进行施肥。

（二）关于水质方面 pH 值、碱度和 EC 的注意事项

生产用水的 pH 值的范围应在 5.0～6.5，因为绝大多数营养元素和农药在此范围下是有效的，超出这个范围的有效性便会大大降低。

水的碱度则代表其缓冲能力，如果碱度太低，则基质 pH 值会随化肥的酸碱度而大范围浮动，从而可能导致某些微量元素缺乏或中毒；如果碱度太高，也容易导致某些微量元素缺乏，如铁、硼等

一般对钙镁含量很低的软水，碱度很低，需要使用含有钙镁的碱性肥，这样可以增加其缓冲能力。如果碱度较高，则不需要使用这类肥料，同时要注意用酸性化肥调节。

EC 值，是用来测量溶液中可溶性盐浓度的，也可以用来测量液体肥料或种植介质中的可溶性离子浓度。高浓度的可溶性盐类会使植物受到损伤或造成植株根系的死亡。一般不含肥料的灌溉水的 EC 值要低于 1.0 毫西门子/厘米，才适宜生产。高浓度可溶性盐类会降低萌发率，损伤根和根毛以及灼伤叶片。不要让穴盘中的基质太干，否则会使根系周围的盐浓度增大 3～4 倍。

特别要注意的是北方某些地区，在夏季雨季来临时，地下水的硬度、pH 值和 EC 值都会比往常明显偏高，容易降低磷肥的利用率，并导致缺铁等微量元素缺乏症出现，尤其是在使用代森锰锌等含锰的广谱性杀菌剂时更要注意缺铁症的出现和防治。因为铁最容易和锰发生竞争，当基质潮湿且温度低于 15℃ 时，pH 值高于 6.5，铁将不能有效地被根吸收。

（三）环境湿度对育苗的影响

湿度较大，而且通风不良的条件下，容易会诱发病害。反过来，如果环境湿度过低，那么在高温、强光的环境下，植株的蒸腾作用会过于旺盛，植物通过根部吸收的水分不足以补充叶片失去的水分，则气孔会关闭以保护植物不致失水过多。由于气孔的关闭，同样也阻止了二氧化碳进入植物体内，所以光合作用同样会停止，植物也将停止生长。

湿度过高会导致幼苗的节间过长，茎段过细、分枝少、产生的根也少。同时，高湿度条件下根系对于钙的吸收会降低。因为穴盘苗在低湿度条件下，蒸腾作用加快，促进了植物对钙镁的吸收，在缺水的状态下，气孔会关闭，停止生长。因此低湿度会使茎秆更粗壮，抗逆性更强，根系发育更好。

持续连阴天要防备出现缺钙缺镁症状，及时用叶面肥进行补充。正常叶色应该是纯绿色，若低位叶变黄说明植物养分不够或根系受伤。深绿色的叶子表示铵肥太多。浅绿色的叶子表示缺氮、铵中毒或缺镁。

第二节　营养施肥管理技术

一般来说，好的商品育苗基质能够提供子叶完全展开之前所需的所有养分。由于穴盘容器小，淋洗快，基质的 pH 值变化快，盐分容易累积而损伤幼苗的根系。所以要选择品质优良而且稳定的水溶性肥料作为子叶完全展开后的养分补充。

选择肥料要重点考虑以下两个因素。

1. 肥料自身氮肥的组成

氮素有三种类型，对植物生长有不同的影响。氮素三种类型的特点见表 6-2。

表 6-2　氮素三种类型的特点

氮素类型	特　点	备　注
硝态氮	最容易被作物吸收利用； 使植物的株型紧凑，根的生长超过枝条的生长，节间短，叶片小但厚，呈浅绿色，茎秆比较粗壮； 硝酸钾能使生殖生长超过营养生长	使植物生长健壮、坚硬；硝态氮超过 75%，铵态氮低于 25%
铵态氮	一般必须被硝化细菌转化成硝态氮才能被植物利用； 温度低于 15℃时，细菌转化的速度会变慢，导致铵中毒； 促进地上部分生长，但不会促进根系生长； 对营养生长的促进作用超过生殖生长	容易使植物徒长，枝叶茂盛，但比较软弱；低温和低 pH 值时，慎用
尿素态氮	必须先转化成铵，再转化成硝态氮被植物利用	交替使用各种氮素类型的肥料或混合使用更好

2. 地域环境状况和气候

视地域环境状况和气候的不同，选择不同的肥料配方。见表 6-3。

表 6-3　地域环境与肥料选择

地域	肥料选择
北方硬水区	水中钙镁离子偏多，碱度偏高，影响磷肥的有效性，所以要适当加大磷肥用量和其他微量元素的使用量，并适当选择生理酸性肥
南方软水区	水的碱度偏低，需要加大钙镁肥的使用，并减少磷肥的用量，适当选择生理碱性肥

第三节　化控技术的应用

对于商品苗生产者来说，整齐矮壮的穴盘苗是共同追求的目标。穴盘育苗一般一次成苗，不必移苗。而穴盘育苗适合育小苗，由于我国北方习惯大苗定植，而穴盘育大苗由于营养面积不够造成幼苗徒长，因此育大苗及夏季育苗要适当应用化控技术控制幼苗徒长。但是激素有很多的副作用，而且对使用方法和环境条件有一定的要求。如矮壮素只有在叶片湿的时候才可以慢慢进入叶内，所以最好在傍晚使用。在植物缺水的时候一定不要使用激素，否则容易产生药害。

以下介绍几种激素以外控制株高的方法。

① 负的昼夜温差（夜间温度高于白天温度 3~6℃，3 小时以上）对控制株高非常有效，生产上的做法是尽可能降低日出前后 3~4 个小时的温度。

② 降低环境的温度、水分或相对湿度，用硝态氮肥来取代铵态氮肥和尿素态肥，或整体上降低肥料的使用量，增加光照等方法

都可以抑制植物的生长。

③ 另外还有一些机械的方法如拨动法、振动法和增加空气流动法，都可以抑制植物的长高。例如，每天对番茄植株拨动几次，可使株高明显下降，这种做法要注意避免损伤叶片，如辣椒等叶片容易受伤的作物就不适合这样做。

第四节　二氧化碳施肥技术

二氧化碳是无土栽培的重要环境因素，对它的调控与管理，具有重要的生产意义。在设施蔬菜作物栽培迅速发展的今天，二氧化碳施肥已成为温室、大棚内进行无土栽培的一项常规技术措施。在无土栽培发达的国家，二氧化碳施肥技术已达到相当高的水平。通过电子计算机使二氧化碳施肥与温度、光照密切结合起来，不仅提高了二氧化碳施肥效果，更使作物达到优质、高产的目的。

在常规土壤栽培时，温室内的二氧化碳（CO_2）可从土壤中的有机肥料的分解过程中得到补充，有机肥料多时，一般不必再补充 CO_2。但是在现代化的无土栽培时，多利用无机肥料，地面也大多用水泥覆盖，因此，温室内为了保温，经常通风不足，CO_2 浓度低于 300 毫克/千克。如果增施温室内的 CO_2 达 1000 毫克/千克时，只要其他生长因素配合得好，能使净光合速率增加 50%，产量提高 20%～40%，可见温室增施 CO_2 是十分重要的。

增施 CO_2 的方法有以下两种。

1. 液化 CO_2

液化 CO_2 是石油工业的副产品，压后用钢筒盛装，直接放在温室中，经减压阀调节释放，但成本较高。

2. 燃烧石蜡、天然气、丙烷或白煤油

这种方法易产生一些有害气体。在我国，有用碳酸氢铵肥料加浓硫酸的方法解决补充 CO_2 的问题，方法简单，效果较好。增加 CO_2 能提高温室中作物的产量，但浓度大了以后，会使叶片中的淀粉产生累积，易产生叶片卷曲现象，反而会影响叶片的光合作用。这些现象在番茄栽培上尤其明显；叶片容易早衰，因此应在增施 CO_2 的同时，加强肥水管理，以减轻植株衰老程度。

第五节　无土栽培的营养障碍诊断

在无土栽培中，常因营养液的配制不当或因浓度过大、元素比例失调以及其他因素影响作物对元素的正常吸收而发生营养元素缺乏或过多的现象。一般从作物形态上可表现出不正常的现象。缺乏养分时称为缺素症，过多时会出现中毒，而多数情况下是缺素症。在栽培上可根据作物所表现的现象确定其原因，并及时加以调整，帮助作物恢复生长。植物营养元素缺素症的简要检索表见表 6-4。

表 6-4　植物营养元素缺素症的简要检索表

现　象	可能缺乏元素
根系生长短粗，发褐	缺钙，过敏或铝铜中毒
新梢不张开，幼叶卷曲，叶尖坏死，植株灰绿	铜
新梢凋萎而死，叶柄或茎生长衰弱，植株新梢短小，全株仍为绿色	钙
幼叶灰绿或老化，叶尖坏死，暗绿	硼
新叶黄绿，叶脉间黄绿或完全变白，有黄边	铁或锰

现　　象	可能缺乏元素
新叶或中部叶发灰,生长变粗,有时出现叶簇	锌
新叶或中部叶灰绿,边缘有斑驳,或者灰色,除叶基部和中肋外其余部位发红	锰
病症无一定的部位,主要发生在老叶,全株发灰,老叶黄化或有黄边,叶柄发红或叶背发红	氮、硫、有时缺磷
植株绿色,老叶除基部和中肋外发黄	锰
植株绿色,叶柄或叶缘有黄点坏死	钾
植株绿色,老叶黄化并大面积坏死	钼,硝酸盐,铵,钠,钾,氯中毒
植株暗绿,叶柄出现红绿或蓝绿	磷

第六节　病虫害防治技术

一、保护地设施及材料消毒

　　温室等保护地设施设备及材料,包括设施栽培架体、基质、工具等有关材料。每当夏季或者换茬的适当时间,需进行彻底的消毒,以发挥防治病虫害的作用。

　　1. 太阳能消毒

　　每年 7～8 月份最炎热而不进行生产的季节,可将温室土地翻耕,上面覆盖透明塑料薄膜,密闭门窗,暴晒 15～20 天,再进行正常的耕作管理。

　　2. 药剂消毒

　　可以使用 50％氯溴异氰尿酸可溶性粉剂 1000 倍在保护设施内全面喷雾消毒。

3. 温室硫黄熏烟消毒

此方法操作方便，效果良好。特别是在盛夏高温季节，把土地耕翻，将使用过的工具材料放置于温室中。密闭门窗，暴晒数日后，选择晴朗天气，进行硫黄熏烟。每 2 米距离，放置锯末一堆，摊平后放置硫黄粉一层，每公顷需硫黄 15～22.5 千克。先倒入酒精，逐堆点燃，密闭一昼夜，然后通风换气，具有良好的消毒作用。

4. 矿物基质消毒

蛭石、草炭、珍珠岩、岩棉等轻质，经过栽培作物后，附着病原菌，成为下茬栽培的病原，再次利用时必须进行消毒。如不消毒，造成营养液的污染，使作物感染病害，如黄瓜的疫病、番茄的青枯病等。将基质用 140 毫克/升的次氯酸钙浸泡 24 小时，具有良好的消毒效果。

5. 蒸汽消毒

蒸汽消毒对防治温室多种病害有很好的效果。此方法优点是操作方便、无残留毒害。在台式栽培床上，装上用帆布制成的带孔管道，在消毒物体上先覆盖耐热性薄膜，然后通入蒸汽，通过管子扩散到栽培床的基质及各处，起到消毒的作用。当蒸汽温度上升到 100℃左右时，30cm 深的基质温度可达到 90℃左右，30 分钟即可达到消毒效果。通常把 82.2℃的蒸汽，消毒 30 分钟，作为一般蒸汽消毒的标准，温度过低或者时间过短，都达不到彻底消毒的作用。

二、病虫害防治

穴盘苗的时间较短，所以很少受到病虫害的威胁，但是由于生长过于密集，而且数量众多，如果对环境控制不力或管理不当，也会有病虫害的问题。见表 6-5。

表 6-5　病虫害的感染病菌及防治方法

病虫害名称	感染病菌	防治方法	使用农药
猝倒病	腐霉、疫霉、丝核菌、镰刀菌和葡萄孢菌都能单独或共同起作用引起猝倒病	(1)使用排水良好的基质； (2)正确的浇水技术； (3)正确地使用蛭石覆盖； (4)防止出现露滴或雨滴以及聚水处； (5)合理施肥，避免 EC 值过高致使盐害，特别是铵态盐害； (6)减少幼苗的密度，并增加空气流通； (7)控制杂草、清除植物残骸； (8)经常消毒设备和温室，确保循环使用的穴盘充分消毒，推荐使用季铵盐消毒剂； (9)不要重复使用基质； (10)不要让塑料水管的喷头端贴到地面； (11)清除滞留到地面的水	碧秀丹（50%氯溴异氰尿酸可溶性粉剂）杀菌除藻，清除青苔，使用消毒剂时最好让消毒剂停留在消毒物体的表面 15～20 分钟，不要急于用清水清洗掉
根腐病和茎基腐病	腐霉、丝核菌和根串珠霉菌都会引起根腐与茎基腐病	(1)使用排水良好的基质； (2)正确的浇水技术； (3)正确地使用蛭石覆盖； (4)防止出现露滴或雨滴以及聚水处； (5)合理施肥，避免 EC 值过高致使盐害，特别是铵态盐害； (6)减少幼苗的密度，并增加空气流通； (7)控制杂草、清除植物残骸； (8)经常消毒设备和温室，确保循环使用的穴盘充分消毒，推荐使用季铵盐消毒剂； (9)不要重复使用基质； (10)不要让塑料水管的喷头端贴到地面； (11)清除滞留到地面的水	使用碧秀丹（50%氯溴异氰尿酸可溶性粉剂）杀菌

123

病虫害名称	感染病菌	防治方法	使用农药
叶斑病	真菌性叶斑病一般有炭疽、链格孢菌和葡萄孢菌	不要让植物过度拥挤,避免溅水,每天在早晨浇水,创造良好的通风条件来降低叶片的湿度,会减少叶斑病的发生	
病毒病	病毒病一般由人工作业或蚜虫、粉虱、蓟马等害虫传播	注重机械消毒工作和害虫防治	使用20%盐酸吗啉胍可湿性粉剂500倍喷雾,可以加入锌肥
虫害	穴盘苗主要的虫害是蕈蚊和沼泽蝇。大量的成虫会制造麻烦,在叶上留下斑点。成虫和幼虫能传播一些真菌根腐病,如葡萄孢菌病。幼虫以植物根为食物,会损伤根系从而感染病害	穴盘及地面,减少水的流量和用量,防止在苗床地部或地面上积水,减少湿度,减少肥料的淋失,保持苗床和地面的清洁、清除植物残渣,保证温室内没有杂草,控制青苔的发生	使用高效氯氰菊酯混加阿维菌素防治
备注	在使用化学药剂防治病虫害时,为避免幼苗产生药害,注意应在基质湿润和植物无水分胁迫的情况下喷施或浇灌。 在初次使用化学药剂时一定先要做小面积试验,确认无药害等不良反应时方可大面积使用		

第七章 无土栽培环境调控技术

　　无土栽培是未来农业的重要栽培方式。从当地自然条件、社会和区域经济发展水平出发，统筹考虑，量力而行，适时适地全面做好无土栽培基地规划设计，满足无土栽培所需的人力、物力、财力条件和技术要求，并在栽培管理中实施有效的环境调控，就能够确保蔬菜或花卉无土栽培取得成功，获得较好的经济效益和社会效益。

第一节　无土栽培设施与建造要求

一、无土栽培的基本设施

　　任何一种形式的无土栽培，都必须在温室、塑料大棚等环境保护设施条件下进行，而且需要建造无土栽培装置（系统）。无土栽培的基本设施或装置一般由栽培床、储液池、供液系统和控制系统四部分组成。

　　（一）栽培床

　　栽培床是代替土地和土壤种植作物，具有固定根群和支撑植株的作用，同时要保证营养液和水分的供应，并为作物根系的生长创造优越的根际环境。栽培床可用适当的材料如塑料等加工成定型槽，或者用塑料薄膜包装适宜的固体基质材料或用水泥砖砌成永久性结构和砖垒砌而成的临时性结构。栽培床形式很多，一般分育苗床和栽培床两类，具体规格大小等内容在栽培技术及无土育苗技术章节中介绍。在选用栽培床时应以结构简便实用、造价低廉、灌排液及管理方便等为原则。

（二）储液池（槽）

储液池是储存和供应营养液的容器，是作为增大营养液的缓冲能力，为根系创造一个较稳定的生存环境而设的。其功能主要有：①增大每株占有营养液量而又不致使种植槽的深度建得太深，使营养液的浓度、pH 值、溶解氧、温度等较长期地保持稳定；②便于调节营养液的状况，如调节液温等。如无储液池而直接在种植槽内增减温度，势必要在种植槽内安装复杂的管道，既增加了费用也造成了管理不便。又如调 pH 值，如无储液池，势必将酸碱母液直接加入槽内，容易造成局部过浓的危险。

根据营养液的供液方式不同，设置营养液储液池（槽）。采取循环式供液方式时，在供液系统的最低点，建地下、半地下储液池。简易的储液池为在地下挖一个土坑，然后铺不漏液的聚乙烯塑料薄膜（两层），但在使用过程中，塑料薄膜易损坏而造成营养液流失。一般应修建永久性营养液池。施工时最好是在水泥槽抹水泥砂浆时，加入防水粉，施工时砂浆灰号大一点，每抹一层时注意压实，增加密度，或者用油毡沥青做一个防水层后再砌一层红砖抹水泥砂浆。储液池要求不渗漏，也不能影响营养液的成分。储液池较大时，可在建造时在池底、池壁四周加上细钢筋，以防止池底和壁四周裂缝。一般池口高出地平面 10cm 左右，以防配液和清洗储液池时鞋底粘带的灰尘等杂物误入池入，污染营养液。如果发现营养液池漏水时，还可用塑料薄膜衬里防止渗漏。采用开放式供液系统时，可在地面 1.5～3.0 米高度处设置储液槽或桶。

储液池（槽）的容积，根据栽培形式、栽培作物的种类和面积来确定。DFT 水培时，按大株型的番茄、黄瓜等每株需 15～20 升营养液，小株型的叶菜类每株 3 升左右的营养液来推算出全温室

（大棚）的总需液量后，再按总营养液量的 1/2 存于储液池，计算出储液池的最低容积限量。NFT 水培时，按大株作物如番茄、黄瓜等以每株需 5 升营养液，小株作物每株需 1 升营养液来推算出储液池（槽）的最低容积限量（推算方法同 DFT 水培）。容量以足够供应整个种植面积循环供液之需为度。一般每亩栽培面积需要20～25 立方米左右的储液池即可。一栋温室一个储液池。当然增加储液量有利于营养液的稳定，但建设投资也增加。

我国南方将储液池设在棚室外，也可多栋大棚共用一个储液池。营养液池内设水位标记，便于管理营养液池的水位。营养液储液池的形状多为长方形底部倾斜式，比较适用。回水管的位置要高于营养液面，利用落差将营养液注入池中溅起水泡给营养液加氧。营养液池内安装不锈钢螺旋管，应用暖气给营养液加温，或用电热管给营养液加温，用控温器控制营养液液温。实践证明，冬春对营养液加温可提高产量 5% 以上，但营养液温度超过 35℃时，对作物的根系和植株生长不利，可利用螺旋管循环地下水降温。

营养液储液池（槽）必须加盖，防止污物泥土掉入池内，同时避免阳光对营养液的直射，以防止藻类滋生，因为它不仅会污染营养液和堵塞管道，而且会传播病害。

（三）供液系统

供液系统是将储液池（槽）中的营养液输送到栽培床，以供作物需要。无土栽培的营养液供应方式，一般有循环式供液系统和滴灌系统（图7-1）两种，主要由水泵、管道、过滤器、压力表、阀门组成。管道分为供液主管、支管、毛管及出水龙头与滴头管或微喷头。不同的栽培形式在供液系统设计和安装上有差异（见栽培技术章节）。

1. 水泵

在无土栽培中，由供液水泵提供动力，一般可选用潜水泵、自

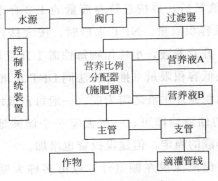

图 7-1　滴灌系统示意

吸泵。营养液是微酸的盐溶液，所以水泵最好选用抗腐蚀性强的型号，最好是塑料泵。其功率大小根据所需水头压力、出水口的多少以及连接管道的多少而定，或以温室面积来推定。一般在 1000～2000 平方米的温室中，可选用 1 台 ϕ25～50 毫米、功率为 1.5 千瓦的自吸泵；如果 400 平方米的温室或大棚，选用 1 台功率为 550 瓦的水泵即可。水泵功率太大会使储液池中的营养液很快被抽干，如营养液回流不及时会从栽培槽而外溢；如果功率太小，则供液时间会长。长期进行无土栽培时，要经常检查水泵是否堵塞，以及被腐蚀程度，必要时应及时更换，否则会影响水泵功效。

2. 管道及管件

无土栽培供液用的管道是塑料管道，管径大小不一，材质主要有 PVC 和 PE 两种。PVC 管硬，耐压，需由塑料胶粘接；PE 管较软，较耐压，一般通过外锁式 PE 管件相连。主管、支管一般选用 ϕ25～40 厘米的 PVC 或 PE 管。一般选用毛管的直径通常为 12～16 厘米，用有弹性的塑料制成，与滴头管相连。滴头管是直接向植株滴液的最末一级管，用有弹性的硬塑料制成。其嵌入毛管的方法是先在毛管上钻一孔径略小于滴头管外径的小孔，然后将滴头管紧嵌入孔中，要做到不易松脱和漏水。最常用的滴头流量为 2～4

升/小时。滴头管有两种类型，一种是发丝管，管内径很细，标准规格是 0.5～0.875 厘米，水通过它时就会以液滴状滴出，其流量受管的长度影响，长度越长，流量越小。其缺点是管径细，容易堵塞而又较难疏通。另一种是水阻管，孔径较大（约 4 厘米），一端紧密套住孔径很小（0.5～1.0 厘米）的滴头，这种滴头管容易排除堵塞。滴灌管一般选用压力补偿式较多，规格为 ϕ10 厘米、流量为 2 升/小时，并依作物株距而选择相应孔距大小的滴灌管。滴灌带的规格为 ϕ4～5 厘米的黑色塑料带状软管，工作压力为 0.1～0.3 千克/厘米，出水量为 25～45 千克/立方厘米时，滴灌孔按株距大头针打孔，孔径为 0.5 毫米。另外，无土栽培用的管件有三通、弯头、阀门等，材质同样有 PVC 和 PE 两种。生产上根据栽培面积、栽培方式、供液形式灵活选用管道及管件。

3. 过滤器

无土栽培用过滤器主要有筛网过滤器和叠片式过滤器两种类型。根据供液管道首部与之相连的管径大小，选用不同规格大小的过滤器。相对而言，叠片式过滤器较筛网过滤器过滤效果好，使用寿命长。

4. 选用滴灌系统的要求与使用上的注意事项

选用滴灌系统要满足以下几点要求。①滴灌系统要可靠，尤其是自动调控营养液的浓度和酸碱度的装置必须是质量好、准确可靠的。如自动调控的设备选购不到质量保证的产品，则应采用人工调控。②供液要及时，这一方面是指滴灌系统设备能经常保持完好状态的质量保证及设备保养的严格要求，另一方面是指液源的储备能维持多长的使用时间，例如，在不设大容量的营养液池的情况下，自来水的来源必须是保证不间断的。③滴头流量要均匀，如不均匀会造成作物生长不齐，甚至会产生危害，滴头流量的平均系数应达0.95 以上。④滴头要求抗堵塞性强，安装拆卸方便，容易清洗。

⑤过滤装置效果要好，应不易出现阻滞液流的状况，清洗要方便。

滴灌系统使用时要注意以下事项：①要使用较高纯度的肥料，避免使用有不溶性杂质的原料配成的营养液；②营养液池和罐要经常清除杂质和沉淀物；③要定期检查滴灌系统运行情况，避免滴头堵塞和流量不均，及时清理过滤器，以利水流畅通。一般每隔3～5天用清水彻底冲洗一次滴灌系统。如果是带水阻管的小段滴头堵塞可用针通；如是发丝管类滴头堵塞，要拔下来用酸清洗，严重堵塞则弃之不用；④如用人工开闭阀供液的，在未供完液前，看守人不能离开岗位，以免过量供量。

（四）控制系统

控制系统是通过一定的调控装置，对营养液质量和供液进行监测与调控。先进的控制装置采用智能控制系统，实现对营养液质量、环境因素、供液等进行自动全方位监控。或不采用智能控制的自动控制系统，如 NFT 水培的自动控制装置包括电导率自控装置、pH 值自控装置、液温控制装置、供液定时器控制装置等，同样可以实现对营养液质量和供液的有效监控。用来控制营养液的供应时间和间歇时间。无土栽培必需的监控设备有电导率仪和酸度计，NFT 水培时还需供液定时器与水泵相连，从而实现根据植物不同生长发育阶段对营养的需求，人工利用这些设备来监控营养液质量变化，适时调整和补充，并定时向作物供给营养液，做到营养液补充和供液及时，调整到位，并减少人力，节省电力和减少泵的磨损。在购买监控设备时，一定要注意查看型号、电流限量、电压大小、检测范围等，做到与栽培需要相适应。

二、无土栽培设施建造总体要求

① 种植槽规格符合设计要求，坡降大小保证营养液在槽内正常流动。

② 储液池容积大小能够满足栽培区营养液供应。

③ 水泵、管道及管件选用要符合设计安装要求。

④ 控制系统安装合理，控制有效。

⑤ 无土栽培设施系统运行正常，无跑、冒、滴、漏现象。

第二节　无土栽培的环境保护
设施与建造要求

　　无土栽培是保护地设施栽培中的一种高效技术。它之所以较土壤栽培高产、优质和高效，不仅是因为无土栽培设施本身有调控作物根际环境的功能，还需有与其配套的温室大棚等环境保护设施，使作物的地上部生长条件同地下一样都处于最佳状态。作为商业性生产的无土栽培都是在保护设施内进行综合环境调控的条件下进行的。

　　无土栽培设施本身，不具有反季节和周年生产蔬菜、花卉等作物的功能，而只有在温室大棚等保护设施配合的条件下，才能实现反季节栽培或周年供应，从而提高了设施的利用率。所以，无土栽培设施与温室设施既有密切联系，又是两种不同的设施。

　　现代化农业即工厂化农业，可在固定的设施内创造适合作物生长的温度、湿度、二氧化碳浓度、光照等条件。发达国家无土栽培的生产设施多为大型连栋玻璃温室，其经营规模大、生产效益高。

一、环境保护设施的类型与分类

　　环境保护设施是指为调控温、光、水、气等环境因子，其栽培空间覆以透光性的覆盖材料，人可入内操作的一种栽培设施。依覆盖材料的不同通常分为玻璃温室和塑料温室两大类，塑料温室依覆盖材料的不同，又分为硬质（PC 板、FRA 板、FRP 板、复合板等）塑料温室和软质塑料（PVC、PE、EVA 膜等）温室；依形状分为单栋与连栋两类；依屋顶的形式，则分为双屋面、单屋面、不等式双屋面、拱圆屋面等。

（一）日光温室

日光温室是指三面围墙，脊高在 2 米以上，跨度在 6~8 米，热量来源（包括夜间）主要依靠太阳辐射能的园艺保护设施。大多以塑料薄膜为采光覆盖材料，以太阳辐射为热源，靠最大限度地采光、加厚的墙体和后坡以及防寒沟、纸被、草苫等一系列采光、保温御寒设备以达到增温、保温的效果，从而充分利用光热资源，减弱不利气象因子的影响。一般不进行加温，或只进行少量的辅助性补温。日光温室主要有矮后墙长后坡日光温室、高后墙短后坡日光温室、琴弦式日光温室、钢竹混合结构日光温室和全钢架无支柱日光温室等形式。塑料薄膜覆盖的节能型日光温室是我国北方地区蔬菜保护地设施的主要形式，投资少、效益高，适合我国当前农村的技术及经济条件；它在采光性、保暖性、低能耗和实用性等方面都有明显的优异之处，是北方农家乐应用的面积年年持续增长的设施栽培方式。

（二）塑料大棚

通常把只以竹、木、水泥或钢材等杆材作骨架，在表面覆盖塑料薄膜的大型保护栽培设施称为塑料薄膜大棚，简称塑料大棚。根据棚顶形状分为拱圆形和屋脊形两类，以拱圆形屋顶为多。根据骨架材料可分为：竹木结构、钢架（管）结构、钢竹混合结构、混凝土钢架结构、充气式等类型；根据连接方式又可分为单栋大棚、双连栋大棚及多连栋大棚。塑料大棚设施简单，一般没有环境调控设备，依靠自然光照进行生产，在气候温暖的南方地区发展较快。

目前，塑料大棚主要有竹木结构大棚、悬梁吊柱竹木拱架大棚、拉筋吊柱大棚、无柱钢架大棚和装配式镀锌薄壁钢管大棚等形式，其中装配式镀锌薄壁钢管大棚棚内空间较大、无立柱、作业方便，属于国家定型产品，规格统一，组装拆卸方便，盖膜便利，生产上普遍采用。

（三）现代化温室

现代化温室是设施园艺中一种高级类型。设施内的环境实现了计算机自动控制，基本上不受自然气候条件下灾害性天气和不良环境条件的影响，能周年全天候进行园艺作物生产的大型温室。目前我国引进的现代化温室主要有荷兰研究开发而后流行全世界的多脊连栋小屋面的芬络型（Venlo type）玻璃温室、法国瑞奇温室公司研究开发的一种流行的塑料薄膜里歇尔（Richel）温室、顶侧屋面可将覆盖薄膜由下而上卷起通风透气的一种拱圆形连栋卷膜式全开放型塑料温室（Full open tyPe）和由意大利 Serre Italia 公司开发的一种全开放型玻璃温室（Future greenhouse）。国内自行设计制造的典型现代化自控温室有：双层充气连栋塑料温室、双坡面玻璃温室、华北型大型连栋塑料温室、华南型大型连栋塑料温室、金顶型连栋温室、LGP-732 型连栋温室、XA 型和 GK 型系列温室、FRP（轻质玻璃钢）连栋温室等。

（四）植物工厂

植物工厂是指在工厂般的全封闭建筑设施内，利用人工光源，实现环境的自动化控制，进行植物高效率、省力化、稳定种植的生产方式。根据光源的不同，植物工厂分为三类，即人工光照型、自然光照型和人工光照与自然光照合用型。植物工厂属"可控农业"，它是园艺保护设施的最高层次，其管理完全实现了机械化和自动化。作物在大型设施内进行无土栽培和立体种植，环境要素的变化通过传感器传输到计算机，通过运算能够精确控制各种环境调控设备的运行和生产的各个环节，所需要的温、湿、光、水、肥、气等均按植物生长的要求进行最优配置，不仅全部采用电脑监测控制，而且采用机器人、机械手进行全封闭的生产管理，实现从播种到收获的流水线作业，完全摆脱了自然条件的束缚。做到合理利用空间及设施，达到经济、高效生产，实现全天候、无季节、无公害生产。具有高度集成、高效生产、高商品性、高投入的特征。

（五）防雨棚和遮阳网装置

夏季雨水多，且易受强光照射和高温胁迫，病虫多发，使蔬菜等作物的生长受抑制，生产没有保证。利用大棚骨架，仅覆盖顶幕（天幕）而揭除边膜（围裙幕），使夏季能防雨，而又四周通风，这是一种最简易的防雨棚栽培。如果在顶幕上面再覆盖上银灰色或黑色的遮阳网则能减弱强光照射，使棚内基质温度在夏日中午下降8～12℃，有效地减轻高温的危害，而且能在夏季进行叶菜、根菜类的反季节栽培。作为其他保护设施的夏季辅助设施——遮阳网和防雨棚的存在，使大棚、日光温室在夏季也能进行无土栽培。一些夏季难以栽培的番茄、黄瓜、甜瓜、莴苣、菠菜等的越夏防雨栽培成为现实。

二、无土栽培用日光温室建造总体要求

① 温室建造在选择地址时，除注意综合条件外，应考虑到灌排水的方便，特别应注意到消毒药液的流向和处理，避免引起公害。

② 在温室建造时，除注意采光、保温性能外，还应有良好的通风条件，最好附有降温设施。

③ 在决定温室的高度、跨度及方向时，应根据营养液栽培的方式来确定。营养液育苗可以采用东西延长，透光面朝南的温室，为便于多层架式育苗，温室高度可适当增加或采用半地下式（低于地平面60～80厘米）。塑料大棚营养液栽培还是以南北延长为好，跨度大小应根据栽培床的设计要求及建筑材料等因素综合考虑。

④ 设施的设计必须注意强化温室效应，注意优化棚型结构，使之尽可能多吸收、蓄积、利用太阳辐射能。在北纬35～40度地

区，日光温室应面向正南，采光角度不应小于 25 度。为减少光量反射损失率，前屋面最好建成矢高与跨度比值大于或等于 0.4663 的球面体，三面墙体最好用隔热材料或厚泥土层以利保温。塑料大棚应南北延长，矢高与跨度比值应在 0.3 左右，并应用保温棚膜和加盖保温纸被、草苫、棉被等物。

此外，营养液栽培的设施一般都是固定的，所以温室或大棚也应是固定的。因为营养液栽培中一般不会出现如有土栽培的连作障碍，如土壤盐分积累和土壤传染性病害增加等，这对固定设施的利用是有利的。

第三节　设施栽培环境的调控技术

利用环境保护设施，有可能在一定程度上，按作物生育的需要，控制光照、室温、风速、相对湿度、二氧化碳（CO_2）浓度等地上部环境，以及基质的温度等根际环境，使作物生长在最适宜的环境条件下，实现作物的高产、稳定、优质栽培。但是，实际上外界环境对作物生长与产量的影响是综合的，而不是单因子的。同时作物生长最适宜的环境，不仅因蔬菜种类品种的不同而不同，而且不同栽培季节和不同生长发育时期也是不同的，这就增加了环境调控技术的难度和复杂性。

一、保护设施环境的调控原则与目标

环境保护设施利用自然创造自然，为植物生长发育提供适宜的环境条件。由于设施覆盖物的屏障作用，使温室产生与外界不同的特殊环境，可以保护作物免遭风、雨、杂草、虫害、病害等的干扰和危害，也可以使生产者在外界不适合的条件下进行生产。温室与外界的隔离，使得加温、施用 CO_2、有效地使用化学和生物控制技术进行植物保护等措施成为可能。温室内单位面积的高产，使得种植者能够和愿意投资先进设备，如无土栽培、补光、保温/降温幕、活动床栽培式等，以改善和简化生产。因此，温室生产属于精细、高级的作物生产形式，通常把其与温室工业相连，称之为温室工程，整个过程强调技术的作用。

由于先进设备的安装，温室的环境可以控制。温室环境控制是设施栽培中非常重要的工作，它能使种植者不依赖外界气候，控制生产过程。对于作物生长、生产及产品质量来说，环境控制水平高低在一定程度上起决定性的作用。因此，在温室环境控制中，最重要的目标是降低成本、增加收入。

达到这一目标的具体指标可以简单归纳如下：①提高单位面积产量；②合适的上市期；③理想的产品质量；④灾害性气候或险情的预防（风灾、火灾、雪灾、人为破坏等）；⑤环境保护；⑥成本管理（如 CO_2、能源、劳力等）。

在此目标的基础上理想化作物生长条件，同时，必须考虑温室生产是一种经济行为，因此环境调控的原则为在总的经营框架范围内操作，要进行经济核算。在这种意义上，环境调控通常被认为是与经营目标相关联，在可接受的成本和可接受的风险范围内，获得产品的优质和高产。

环境调控的成本主要来自于用于加热、降温、降湿或补光等的能源消耗，CO_2 的施用也需要额外的成本，成本的投入必须核算由于额外投入成本所产生的额外经济效益。为此，有目标地调控和改善环境是提高温室作物生产效率的主要途径。

二、光照条件及其调控

（一）保护设施的光照条件

保护设施内的光照条件包括光强、光质、光照时间和光的分布，它们分别给予温室作物的生长发育以不同的影响。设施内光照条件与露地光照条件相比具有以下特征：①总辐射量低，这成为冬季喜光园艺作物生产的主要限制因子；②光质变化大；③光照在时间和空间上分布极不均匀，尤其高纬度地区冬季设施内光强弱，光照时间短，严重影响温室作物的生长发育。

影响设施内光环境条件的主要影响因素是覆盖材料的透光性与温室结构材料的遮光性。因此，要从这两方面入手，研究如何增加室内采光量的设施结构和相应的管理技术，从而改善设施内的光照环境。

（二）设施内光照条件的调控

光照是作物生长的基本条件，对温室作物的生长发育产生光效应、热效应和形态效应。因此，我们要加强光照条件调控，采取措施尽量满足作物生长发育所需的光照条件。调控设施内的光照条件，可采取以下几方面措施。

1. 设施结构建造合理

温室采用坐北面南东西延长的方位设计；从采光角度考虑，除现代化温室外，尽量选用单栋式的温室；选用防尘、防滴、防老化的透光性强的覆盖材料，目前首选乙酸乙烯膜（EVA），其次是聚乙烯膜（PE）和聚氯乙烯膜（PVC）；选择适宜的棚室的跨度、高度、倾斜角；尽可能选用细而坚固的骨架材料，从而提高室内采光量，降低温室结构材料的遮光。

2. 加强设施管理

经常打扫、清洗，保持屋面透明覆盖材料的高透光率；在保持室温的前提下，设施的不透明内外覆盖物（保温幕、草苫等）尽量早揭晚盖，以延长光照时间增加透光率；北方地区在温室北墙内壁张挂 2~2.5 米高的聚酯镀铝镜面反光幕，增加光强。

3. 加强栽培管理

加强作物的合理密植，注意行向（一般南北向为好），扩大行距，缩小株距，摘除身苗基部侧枝和老叶，增加群体光透过率。

4. 适时补光

在集中育苗、调节花期、保证按期上市等情况下，补充光照是必要的。补光灯一般采用高压汞灯、卤素灯和生物灯，受条件所限，也要安装普通荧光灯、节能灯。补光灯设置在内保温层下侧，温室四周常采用反光膜，以提高补光效果。补光强度因作物而异。因补光不仅设备费用大，耗电也多，运行成本高，只用于经济价值较高的花卉或季节性很强的育苗生产。

5. 根据需要遮光或遮黑

夏季光照过强，会引起室温过高，蒸腾加剧，植物容易萎蔫，需降低室内光强，生产上一般根据光照情况选用 25%～85% 的遮阳网。玻璃温室亦可采用在温室顶喷涂石灰等专用反光材料，减弱光强，夏季过后再清洗掉。保持设施黑暗，可选用黑色的 PE 膜、黑色编织物或深色编织物。

三、温度条件及其调控

（一）设施内温度变化特征

无加温温室内温度的来源主要靠太阳的辐射，引起温室效应。温室的温度变化特征有以下几点。

1. 随外界的阳光辐射和温度的变化而变化，有季节性变化和日变化，且昼夜温差大，局部温差明显

北方地区，保护设施内存在着明显的四季变化。按照气象学的有关规定，日光温室的冬季天数比露地缩短 3～5 个月，夏天可延长 2～3 个月，春秋季也可延长 20～30 天，所以，北纬 41 度以南至 33 度以北地区，高效节能日光温室（室内外温差保持 30℃ 左右）可四季生产喜温果菜。而大棚冬季只比露地缩短 50 天左右，

春秋比露地只增加 20 天左右，夏天很少增加，所以果菜只能进行春提前，秋延后栽培，只有在多重覆盖下，才有可能进行冬春季果菜生产。北方冬季、春季不加温温室的最高与最低气温出现的时间略迟于露地，但室内日温差要显著大于露地。北方节能型日光温室，由于采光、保温性好，冬季日温差高达 15～30℃，在北纬 40度左右地区不加温或基本不加温下能生产出喜温果菜。

2. 设施内有"逆温"现象

在无多重覆盖的塑料拱棚或玻璃温室中，日落后的降温速度往往比露地快，如再遇冷空气入侵，特别是有较大北风后的第一个晴朗微风夜晚，温室、大棚凌晨常出现室内气温反而低于室外气温 1～2℃的逆温现象。从 10 月至翌年 3 月都有可能出现，尤以春季逆温的危害较大。

3. 温室内气温的分布不均匀

一般室温上部高于下部，中部高于四周，北方日光温室夜间北侧高于南侧，保护设施面积越小，低温区比例越大，分布越不均匀。而地温的变化，不论季节与日变化，均比气温变化小。

（二）设施内温度条件的调控

温度是园艺作物设施栽培的首要环境条件，任何作物的生长发育和维持生命活动都要求一定的温度范围，即温度的"三基点"。温度高低关系到作物的生长阶段、花芽分化和开花，昼夜温度影响植株形态和产品产量、质量。因此，生产者将温度作为控制温室作物生长的主要手段被使用。综合各方面因素考虑，明确了作物生长的最适温度与经济生产的最适温度是有区别的，而且所确定的管理温度是使作物生产能适合市场需要时上市，获得最大效益。

稳定的温度环境是作物稳定生长、长季节生产的重要保证，温室的大小、方位、对光能的截获量、建筑地的风速、气温等都会影响温室温度的稳定。设施内温度环境的调控一般通过保温、加温、降温等途径来进行。

1. 保温

日光温室可通过设置保温墙体；加固后坡，并在后坡使用聚苯乙烯泡沫板隔热；在透明覆盖物上外覆草帘、纸被、保温被、棉被等，实施外保温；温室或塑料大棚内搭拱棚、设二层幕；在温室四周挖深 60～70 厘米、宽 50 厘米的防寒沟；尽量保持相对封闭，减少通风等措施加强保温效果。大型温室保温主要采取透明屋面采用双层充气膜或双层聚乙烯板和在室内设置可平行移动的二层保温幕和垂直幕等进行保温。

2. 加温

当设施温度低、作物生长慢时，可适当加温。加温分空气加温、基质加温、营养液加温。

（1）空气加温　空气加温方式有热水加温、蒸汽加温、火道加温、热风炉加温等。热水加温室温较稳定，是常用加温方式；蒸汽、热风加温效应快，但温度稳定性差；火道加温建设成本和运行费用低，是日光温室常采用的形式，但热效率低。

（2）地面的加温　冬季生产根际温度低，作物生长缓慢，成为生长限制因子，因此，根际加热对于作物效果明显。为提高根际温度，通常将外部直径 15～50 厘米的塑料管埋于 20～50 厘米的栽培基质中，通以热水，用这种方法可以提高基质温度。一些地方采用酿热方式提高地温，即在温室内挖宽 40 厘米、深 50～60 厘米的地沟，填入麦秆或切碎的玉米秸，让其缓慢发酵放热。在面积较小时也可使用电热线提高根际温度。

（3）栽培床加热系统　无土栽培中，地面硬化后，常常加热混凝土地面。在加热混凝土地面时，一些管道埋于混凝土中，与土壤相比，混凝土材料的传导率往往要更好，所以管道与地表之间的温差要小一些；高架床栽培系统基质层较薄，受气温影响大，在加热种植床时，加热管道铺设于床下部近床处。在 NFT 栽培中，冬季通常在储液池内加温，为保证营养液温度的稳定，供液管道需要进行隔热处理，即用铝箔岩棉等包被管道。

除上述加温方式外，利用地热、工厂余热、地下潜热、城市垃圾酿热、太阳能等加温方式也可进行设施内加温，有时采用临时性加温，如燃烧木炭、锯末、熏烟等。

3. 降温

降温的途径有减少热量的进入和增加热量的散出，如用遮阳网遮阳、透明屋面喷涂涂料（石灰）和通风、喷雾（以汽化热形式散出）、湿帘等。

（1）通风　通风是降温的重要手段，自然通风的原则为由小渐大、先中、再顶、最后底部通风，关闭通风口的顺序则相反；强制通风的原则是空气应远离植株，以减少气流对植物的影响，并且许多小的通风口比少数的几个大通风口要好，冬季以排气扇向外排气散热，可防止冷空气直吹植株，冻伤作物，夏季可用带孔管道将冷风均匀送到植株附近。

（2）遮阳　夏季强光高温是作物生长的限制性因素，可通过利用遮阳网遮光降温，一般可降低气温 5～7℃，有内遮光和外遮光两种。

（3）水幕、湿帘和喷雾降温　温室顶部喷水，形成水帘，遮光率达 25%，并可吸热降温。在高温干旱地区，可设置湿帘降温。湿帘降温系统是由风扇、冷却板（湿带）和将水分传输到湿帘顶部的泵及管道系统组成。湿帘通常是由 15～30 毫米厚交叉编织的纤维材料构成，多安装在面向盛行风的墙上，风扇安装在与装有湿帘的墙体相反的山墙上。通过湿帘的湿冷空气，经过温室使其冷却降温，并且通过风扇离开温室。湿帘降温系统的不利之处是在湿帘上会产生污物并滋生藻类，且在温室中会引起一定的温度差和湿度差，同时在湿度大的地区，其降温效果会显著降低。

在温室内也可设计喷雾设备进行降温，如果水滴的尺寸小于 10 微米，那么它们将会是浮在空气中被蒸发，同时避免水滴降落在作物上。喷雾降温比湿帘系统的降温效果要好，尤其是对一些观叶植物，因为许多种类的观叶植物会在风扇产生的高温气流的环境里被"烧坏"。

四、CO_2 及其调控

二氧化碳（CO_2）是作物进行光合作用的重要原料。在密闭的温室条件下，白天 CO_2 浓度经常低于室外，即使通风后，CO_2 浓度会有所回升，但仍不及外界大气中 CO_2 浓度高。因此，不论光照条件如何，在白天施用 CO_2 对作物的生长均有促进作用。

由于温室的有限空间和密闭性，使 CO_2 的施用（气体施肥）成为可能。我国北方地区冬季密闭严，通气少，室内 CO_2 亏缺严重，目前推广 CO_2 施肥技术，效果十分显著。一般黄瓜、番茄、辣椒等果菜类 CO_2 施肥平均增产 20%～30%，并可提高品质。鲜切花施 CO_2 可增加花数开花，增加和增粗侧枝，提高花的质量。CO_2 施用不仅能提高单位面积产量，也能提高设施利用率、能源利用率和光能利用率。

1. CO_2 施用浓度

对于一般的园艺作物来说，经济又有明显效果的 CO_2 浓度为大气浓度的 5 倍，CO_2 施肥最适浓度与作物特性和环境条件有关。CO_2 用量与光照强度、温度、湿度、通风状况等密切相关。日本学者提出温室 CO_2 的浓度在 0.01% 为宜，但在荷兰温室生产中施用量多数维持在 0.0045%～0.005% 之间，以免在通风时因内外浓度过大，外逸太多，经济上不合算。一般随光照强度的增加应相应提高 CO_2 浓度。阴天施用 CO_2，可提高植物对散射光的利用；补

光时施用 CO_2，具有明显的协同效应。

2. CO_2 来源

CO_2 来源于加热时燃烧煤、焦炭、天然气、沼气等所产生的 CO_2，也可专门燃烧白煤油产生 CO_2，还有用液态 CO_2 或固体 CO_2（干冰）或在基质中施 CO_2 颗粒气肥或利用强酸（硫酸、盐酸）与碳酸盐（碳酸钙、碳酸氢铵）反应产生 CO_2 等。目前市售燃烧石油液化气的 CO_2 发生机较多。温室秸秆等有机肥，可发酵释放出大量 CO_2，方法简单、经济有效，温室基质培生产中多施有机肥，对缓解 CO_2 不足、提高产量效果很显著。栽培床下同时生产食用菌，可使室内 CO_2 保持在 $800 \sim 980$ 微摩尔/摩尔。

3. CO_2 施用时间

从理论上讲，CO_2 施肥应在作物一生中光合作用最旺盛的时期和一日中光照条件最好的时间进行。

苗期 CO_2 施肥应及早进行。定植后的 CO_2 施肥时间取决于作物种类、栽培季节、设施状况和肥源类型。果菜类蔬菜定植后到开花前一般不施肥，待开花坐果后开始施肥，主要是防止营养生长过旺和植株徒长；叶菜类蔬菜则在定植后立即施肥。而在荷兰，利用锅炉燃气，CO_2 施肥常常贯穿于作物整个生育期。

一天当中，CO_2 施肥时间应根据设施 CO_2 变化规律和植物的光合特点进行。在日本和我国，CO_2 施肥多从日出或日出后 $0.5 \sim 1$ 小时开始，通风换气之前结束；严寒季节或阴天不通风时，可到中午停止施肥。在北欧、荷兰等国家，CO_2 施肥则全天进行，中午通风窗开至一定大小时自动停止。

CO_2 施用时应指出的内容如下。

① 作物光合作用 CO_2 饱和点很高，并且因环境要素而有所改变，施用浓度以经济生产为目的，CO_2 浓度过高不仅成本增加，而且会引起作物的早衰或形态改变。

② 采用燃烧后产生的 CO_2，要注意燃烧不完全或燃料中杂质气体，如乙烯、丙烯、硫化氢、一氧化碳（CO）、二氧化硫（SO_2）等对作物造成的危害。

③ 化学反应产生 SO_2 只作为临时性的补充被采用。国际上规模经营的温室几乎没有用化学反应的方式，因为成本高、残余物的后处理、对环境产生污染、安全性等都有待研究。

五、空气湿度

1. 设施内空气湿度变化特征

由于环境保护设施是一种密闭或半密闭的系统，空间相对较小，气流相对稳定，使得设施内空气湿度有着与露地不同的特性。设施内空气湿度变化的特征如下。

（1）湿度大　设施内相对湿度和绝对湿度均高于露地，平均相对湿度一般在 90% 左右，尤其夜间经常出现 100% 的饱和状态。特别是日光温室及中、小拱棚，由于设施内空间相对较小，冬春季节为保温，又很少通风换气，空气湿度经常达到 100%。

（2）季节变化和日变化明显　设施内季节变化一般是低温季节相对湿度高，高温季节相对湿度低；昼夜日变化为夜晚湿度高，白天湿度低，白天的中午前后湿度最低。设施空间越小，这种变化越明显。

（3）湿度分布不均匀　由于设施内温度分布存在差异，导致相对湿度分布也存在差异。一般情况下，温度较低的部位，相对湿度较高，而且经常导致局部低温部位产生结露现象，对设施环境及植物生长发育造成不利影响。

2. 设施内空气湿度的调节

空气湿度主要影响园艺作物的气孔开闭和叶片蒸腾作用，直接影响作物生长发育。如果空气湿度过低，将导致植株叶片过小、过厚、机械组织增多、开花坐果差、果实膨大速度慢；湿度过高，则极易造成作物发生徒长，茎叶生长过旺，开花结实变差，生理功能减弱，抗性不强，出现缺素症，使产量和品质受到影响。一般情况下，大多数蔬菜作物生长发育适宜的空气相对温度在50%~85%范围内。另外，许多病害的发生与空气湿度密切有关。多数病害发生要求高湿条件。在高湿低温条件下，植株表面结露及覆盖材料的结露滴到植株上，都会加剧病害发生和传播。有些病害在低湿条件，或是高温干旱条件下容易发生。因此，从创造植株生长发育的适宜条件、控制病害发生、节约能源、提高产量和品质、增加经济效益等多方面综合考虑，空气湿度以控制在70%~90%为宜。

湿度调节的途径主要有控制水分来源、温度、通风，使用吸湿剂等。

（1）提高湿度　在夏季高温强光下，空气湿度过分干燥，对作物生长不利，严重时会引起植物萎蔫或死亡，尤其是栽培一些要求湿度高的花卉、蔬菜时，一般相对湿度低于40%时就需要提高湿度。常用方法是喷雾或地面洒水，如103型三相电动喷雾加湿器、空气洗涤器、离心式喷雾器、超声波喷雾器等。湿帘降温系统也能提高空气湿度，此外，也可通过降低室温或减弱光强来提高相对湿度或降低蒸腾强度。通过增加浇水次数和浇灌量、减少通风等措施，也会增加空气湿度。

（2）降低空气湿度　无土栽培的温室常将地面硬化或用薄膜覆盖，可有效减少蒸发，降低空气湿度。自然通风除湿降温是常用的方法，通过打开通风窗、揭薄膜、扒缝等通风方式通风，达到降低设施内湿度的目的。地膜覆盖减少蒸发，可使空气湿度由95%~100%降低到75%~80%；提高温度（加温等），可降低相对湿度；采用吸湿材料，如二层幕用无纺布、地面铺放稻草、生石灰、氧化硅胶、氯化锂等；加强通风、排出湿空气；设置除湿膜，采用流滴膜和冷却管，让水蒸气结露，再排出室外；喷施防蒸腾剂，减少绝对湿度。也可通过减少灌水次数、灌水量，改变灌水方式降低相对湿度。

六、环境的综合调控技术

温室的综合环境管理不仅仅是综合环境调控，还要对环境状况和各种装置的运行状况进行实时监测，并要配置各种数据资料的记录分析，存储、输出和异常情况的报警等。还要从温室经营的总体出发，考虑各种生产资料投入成本和运营成本，产出的产品市场价格变化，劳力和管理作业和资金等，根据效益分析来进行有效的综合环境调控。

温室环境要素对作物的影响是综合作用的结果，环境要素之间又有相当密切的关系，具有联动效应。因此，尽管我们可以通过传感器和设备控制某一要素在一日内的变化，如用湿度计与喷雾设备联动，以保持最低空气湿度，或者用控温仪与时间控制器联动实行变温管理等。上述虽然易实行自动化调控，但都显得有些机械或不经济。计算机的发展与应用，使复杂的计算分析能快速进行，为温室环境要素的综合调控创造了条件，从静态管理变为动态管理。计算机与室内外气象站和室内环境要素控制设备（遮光帘、二层幕、通风窗、通风换气扇、喷雾设备、CO_2 发生器、EC 值、pH 值控制设备、加温系统、水泵等）相连接。一般根据日射量和栽培作物的种类，确定温室管理中温度、CO_2、空气湿度等的合理参数，为达到这些目标启动智能化控制设备。随时自动观察、记录室内外环境气象要素值的变动和设备运转情况。通过对产量、品质的比较，调整原设计程序，改变调控方式，以达到经济生产。荷兰近年来通过综合控制技术的进步，使番茄产量从 40 千克/平方米上升到 54 千克/平方米，而能耗、劳动力等生产成本明显降低，大幅度提高了温室生产的经济效益。

　　不仅如此，计算机系统还可设置预警装置，当环境要素出现重大变故时，能及时处理、提示、记录。例如，当风速过大时能及时关闭迎风面天窗；测量仪器停止工作时，能提示仪表所在部位及时处理；出现停电、停水、泵力不够、马达故障时，可及时报警，并将其记录下来，为今后调整改进提供依据。温室环境计算机控制系统的开发和应用，使复杂的温室管理变得简单化、规范化、科学化。

第八章 工厂化无土栽培的生产与经营管理

工厂化无土栽培以先进的设施装备农业，采用完整而系统的技术规范及生产、加工、销售一体化的经营管理方式组织生产，从而使农业生产像工业一样有计划地实施，具有生产设施现代化、设备智能化、生产技术标准化、工艺流程化，生产管理科学化等特点，大幅度地提高了劳动生产率。无土栽培的植株在适合的环境下长势强，生长速度快，产品整齐一致、产量高、品质好、清洁卫生，生产过程易于控制，有利于实现农业生产的规范化、标准化。近年来，随着温室设施的普及以及无土栽培技术的不断推广，全国各地大小不同的公司、合作社纷纷投资经营，陆续进入了无土栽培领域，无土栽培生产由示范逐步走上了商业化生产，在北京、上海、广东、山东等地，无土栽培蔬菜、花卉生产、种苗生产得到了迅速推广，生产了大量优质的种苗，以及品种繁多、质量一流的蔬菜、花卉，满足了城乡人民的生产、生活需求。

经营管理水平的高低，直接影响着经营效益的好坏。没有先进的管理方法，就难以保证工厂化无土栽培经济效益的不断提高。要做好工厂化无土栽培，确保实现其高产出、高效益的优势，必须在生产组织及销售方面，充分发挥经营管理的作用，经营管理者应做好工作。

第一节 树立正确的经营思想

经营，就是在一定的社会制度和环境下，将劳动力、劳动资料和劳动对象结合起来，进行产品的生产、交换或者提供劳务的动态活动。管理是指为了实现预定目标，对其经营活动中的劳动力和物资等进行计划、组织、协调、控制、监督的过程。没有管理，人们就无法从事社会生产活动。工厂化无土栽培的经营要树立市场观念、竞争观念、素质观念、效益观念、人才观念、信息观念、法制观念，抓好生产、销售管理，生产出更多质优价廉的产品，满足广大消费者的不同需要。

一、以市场需求为导向

首先要瞄准前沿市场，寻找市场缝隙，前沿市场在其超前性、高科技性的背后往往蕴含着大量新商机；其次要研究各地的政策动态和消费趋势，从价格、市民需求、市民心理上来分析，把握市场机会。在对市场的需求做出相对准确的预测后，制订企业经营销售计划，组织生产，才能保证产品有销路，企业有效益。

二、选择名、优、特、稀高档种类，提高产品价值

工厂化无土栽培基础设施先进，温室环境可以控制，运行费用较高，若主要生产普通蔬菜、花卉品种等，就发挥不了其设备和技术的优势，效益也就得不到提高。因此，要针对市场需要，结合当地的经济水平、市场状况在科技含量和品质上层次，生产出市场上需要的高附加值的园艺经济作物和高档的园艺产品，才能卖高价，实现较高的经济效益。

三、树立企业品牌

工厂化无土栽培以生产名优高档花卉、蔬菜、蔬菜种苗为主，要坚持生态、高效的特点，不断提高产品质量，确保比其他同类企业生产的产品质量优、价格低，才能在市场上有一席之地。要克服

以往规模小，种植品种小而杂，形不成市场规模的问题，瞄准几个主打种类，不断扩大规模、形成拳头产品，提高规模效益。在不断做大做强的基础上，争取产品走向国际市场。

四、做好产后工作，提高生产效益

工厂化产品生产是按照工厂化生产规范进行的，要求生产加工、储藏、销售一条龙服务。在做好产前、产中工作的基础上，也应在产后保鲜处理、深加工处理和销售服务上下工夫。产后包装直接影响产品的品质和交易价格，分级包装工作做得好，很容易激发消费者购买的欲望，提高消费者的购买信心，促进产品市场销售。

五、以销定产，产销结合

无土栽培生产的花卉、蔬菜种苗生命周期短，销售时效性强，如果不能及时销售出去，产品价值不能实现，养护费用增加，就会影响经营效益的实现，要充分认识到销售工作的重要性，坚持以销促产、以产促销、协调发展的原则，稳步开拓市场。

第二节　加强企业管理

工厂化无土栽培设施先进，技术精良，但经济效益的实现离不开科学的管理，只有在有计划、有组织，科学而有序的管理下才能进行有效地生产及不断开拓市场，实现经济效益的不断提高。

一、加强员工培训

员工素质的高低，往往决定企业在产品质量、市场营销和服务水平上是否占有优势。加强员工培训，提高员工业务素质，对于生产目标的实现有着举足轻重的作用。员工培训的内容主要包括两个方面：一是对企业管理制度的了解、熟悉；二是生产、销售各岗位应具备的专业基础知识、专业技术、操作技巧等，例如所生产花卉的栽培技术，病虫害防治方法，营养液的配制管理，产前、产中、产后管理技术等。

二、加强生产及销售管理

为保证无土栽培的正常生产，必须建立在生产过程的技术规范，严格过程管理，以确保生产任务按时、保质、保量地完成。

1. 不断完善生产管理制度，制订技术规范、规程

加强制度建设，有利于建立良好的生产秩序，提高技术水平，提高产品质量，降低消耗，提高劳动生产率和降低产品成本。技术规范及规程是进行技术管理的依据和基础，是保证生产秩序、产品质量，提高生产效益的重要前提。管理过程中要根据具体生产内容，对不同产品的生产技术、采后处理技术、包装标准及病虫害防治等方面提出标准化生产的要求，制订详尽的操作规程、技术标准。

2. 认真执行各种生产技术规范、规程

要严格执行生产技术要求，做好生产过程检测，并做到责任落实到人，不等不靠，出现问题及时处理。例如，在无土栽培生产过程中，从设施的清洗、消毒、播种、移苗、定植以及定植后直至收获完毕的各个环节，一旦发生病虫害、营养液酸碱度和浓度不适时，要及时采取喷施农药、增添营养、调节酸碱度等处理措施，确保作物生长健壮。

3. 建立完善的管理档案，详细记录管理过程

主要记录项目包括生产过程的各个关键环节，从种苗采购、定植时间、棚室温湿度管理，作物生育时期、病虫害发生、防治情况，一直到产品采收、产后处理、出厂等都要做好记录，注意管理

数据的记录要准确及时、真实、规范。以便监测生产过程、比较生产效率，不断提高管理水平。

三、加强生产管理

生产管理的过程就是计划、组织协调、控制、监督生产的过程，工厂化无土栽培包括蔬菜、鲜切花、盆花、种苗的生产，这些项目生产各有自己的特点，在生产的组织和管理上各有不同的要求。要实现预定目标，必须做好以下几点。

1. 根据市场部门提供的订单

根据不同作物种类的生长习性、生育期长短、供货标准等制订详细的生产计划，包括生产时间安排、原材料购入、调配、生产技术路线、各个环节的技术要求等。例如，蔬菜种苗的工厂化生产计划，包括各个种类、品种、交货时间、定植标准等。

2. 组织实施阶段

生产计划制订后，要及时确定管理人员、生产人员，实行责任制管理，明确责任权限，将工作中的每一个环节分解到人，落实到人，层层分解，层层落实，明确每一个人的岗位职责和任务。建立工作制度，明确奖罚制度，按时完成任务，而且是保质保量完成任务。

3. 生产部门管理人员要对生产计划负总责

从任务下达到组织生产、任务完成，对每个人生产环节都要及时检查、全面监控。无土栽培如管理不当，易导致种植失败。若栽培设施、种子、基质、器具、生产工具等消毒不彻底，操作不当，易造成病原的大量繁殖和传播。所以，在进行无土栽培时，必须加强管理，做到每一步都到位。根据情况及时做出调整，确保预定目标的实现。

4. 加强管理，降低成本

在满足生产需要的前提下，通过管理水平的提高来减少浪费、降低生产成本，降低不必要的开支，提高经济效益。

四、加强销售管理

做好无土栽培生产的销售及售后服务，对于提高公司的知名度，占领市场，具有相当重要的作用。优质的服务将给公司带来更多的客户群体，反之将丧失利润的源泉。国内外一些知名的花卉公司、种苗公司在这方面的做法值得借鉴。

1. 建立完善的销售管理制度

明确销售部经理、主管、推销员的工作职责及奖惩政策，权责明确。制定年、季度营销计划并进行任务分解，实行目标管理，量化考核，要定期进行总结检查。

2. 重视信息管理工作

认真做好市场调查，及时反馈，便于生产部门及时调整生产计划；每月对当月产品推广进行总结，并针对相关问题提出解决办法，针对问题及时调整营销思路，制订相应的营销计划方案。

3. 建立布局合理的营销网络

确保营销渠道畅通无阻，不断拓展公司的发展空间。

4. 建立完备的售后服务体系

服务的好坏对公司开展业务的成功与否起到决定性的作用，一要建立各级客户资料档案，保持与客户之间的良好合作关系，加强联系；二要建立客户反馈机制，不定期对客户群进行电话回访，征询客户的意见和问题，并及时给予答复；三要加强技术服务工作，免费为客户提供培训服务、技术指导服务，满足客户技术上的需要。

第九章　蔬菜无土栽培

第一节　蔬菜无土栽培原理及应用

　　无土栽培是一种不用天然土壤而采用人工配制的含有植物生长发育必需元素的营养液来提供营养，使植物正常完成整个生命周期的栽培技术。包括水培、雾（气）培、基质栽培等。该技术于 19 世纪中期，由 W. 克诺普等发明，20 世纪 30 年代该技术在农业生产上开始应用，21 世纪进一步改进技术，无土栽培技术迅速发展起来。

　　在无土栽培技术中，能否为植物提供一种比例协调，浓度适量的营养液，是栽培成功的关键。为使植株得以竖立，可用石英砂、蛭石、泥炭、锯屑、塑料等作为支持介质，并可保持根系的通气。多年的实践证明，燕麦、甜菜、马铃薯、甘蓝、长叶莴苣、番茄、黄瓜、大豆、菜豆、豌豆、小麦、水稻等作物，无土栽培的产量都比土壤栽培的高。由于植物对养分的要求因不同品种和植物生长发育的各个阶段不同，所以营养液配方也要随之相应地发生变化，例如，叶菜类主要是叶片的生长，整个生育期主要以氮肥（N）为主；番茄、黄瓜等前期植株生长，以氮肥为主，开花结果期，磷、钾肥要多些。生长发育时期不同，植物对营养元素的需要也不一样。番茄培养液配制时，苗期氮、磷、钾等元素可以少些；长大以后，就要增加其供应量。夏季日照长，光强、温度都高，番茄需要的氮比秋季、初冬时多。在秋季、初冬生长的番茄要求较多的钾，以改善其果实的质量。培养同一种植物，在它的一生中也要不断地修改培养液的配方。

无土栽培所用的培养液可以循环使用。配好的培养液经过植物对离子的选择性吸收，某些离子的浓度降低得比另一些离子快，各元素间比例和 pH 值都发生变化，逐渐不适合植物需要。所以每隔一段时间，要用盐酸或氢氧化钠调节培养液的 pH 值，并补充浓度降低较多的元素。由于 pH 值和某些离子的浓度可用选择性电极连续测定，所以可以自动控制所加酸、碱或补充元素的量。但这种循环使用不能无限制地继续下去。用固体惰性介质加培养液培养时，也要定期排出营养液，或用点灌培养液的方法，供给植物根部足够的氧。当植物蒸腾旺盛的时候，需要消耗大量水分，造成培养液的浓度增加，这时需补充些水。无土栽培成功的关键在于管理好所用的培养液，使之符合植物最优营养状态的需要。

无土栽培中营养液成分易于控制。而且可以随时调节，在光照、温度适宜而没有土壤的地方，如沙漠、海滩、荒岛，只要有一定量的淡水供应，便可进行。大都市的近郊和家庭也可用无土栽培法种蔬菜花卉。

第二节　蔬菜无土栽培与常规栽培的区别

无土栽培是用非土壤的基质，供应营养液或完全利用营养液的栽培技术，要求最佳的根际环境。蔬菜无土栽培，幼苗生长迅速，苗龄短，根系发育好，幼苗健壮、整齐，定植后缓苗时间短，成活率高。不论是基质育苗还是营养液育苗，都可保证水分和养分供应充足，基质通气良好。同时，无土育苗便于科学、规范管理。采用无土育苗方式培育的幼苗，定植后，根际环境和育苗时根际环境相适应，因根系发育好，定植后不伤根，易成活，一般没有缓苗期。同时，无土育苗还可避免土壤育苗带来的土传病害和根结线虫等危害。因此，无土栽培一定要采用无土育苗。

一、节约用水

据科研部门在秋季大棚黄瓜无土栽培的试验表明：无土栽培，46 天需水（营养液）共 21.7 立方米。若进行土培，46 天至少浇水 5~6 次，需用 50~60 立方米的水，统计结果，节水率为 50%~66.7%。节水效果非常明显，是发展节水型农业的有效措施之一。无土栽培不但省水，而且省肥，据统计，土壤栽培养分利用率约 50%，我国农村由于科学施肥技术水平低，肥料利用率更低，仅 30%~40%，一半多的养分都损失了，在土壤中肥料溶解和被植物吸收利用的过程很复杂，不仅有很多损失，而且各种营养元素的损失不同，使土壤溶液中各元素间很难维持平衡，造成土壤连作障碍，影响产量和质量。而无土栽培，作物所需要的各种营养元素，是人为根据作物需要量身配制的，不仅不会损失，而且保持营养均衡，根据作物种类以及同一作物的不同生育阶段，科学地供应养分，所以作物生长发育健壮，生长势强，增产潜力大，且不会造成土壤、大气和水的污染。

二、清洁卫生

无土栽培施用的是无机肥料，没有臭味，也不需要堆肥场地。土壤栽培施有机肥，肥料分解发酵，产生臭味污染环境，还会滋生很多害虫的虫卵，危害蔬菜，无土栽培则不存在这些问题。尤其室内阳台蔬菜、花卉种植，更要求清洁卫生，无土栽培既干净又环保。

三、省力省工、易于管理

无土栽培不需要中耕、翻地、锄草等作业，省力省工。肥水一体化，由供液系统定时、定量供给，管理十分方便。土培浇水时，费时、费力、费工，浪费水肥，是一项劳动强度很大的作业，无土栽培则只需开启和关闭供液系统的阀门，大大减轻了劳动强度。一些发达国家，已进入微电脑控制时代，供液及营养液成分的调控，完全用计算机控制，几乎与工业生产的方式相似。

四、避免土壤连作障碍

设施栽培中，土壤极少受自然雨水的淋溶，水分养分运动方向是自下而上。土壤水分蒸发和作物蒸腾，使土壤中的矿质元素由土壤下层移向表层，长年累月、年复一年，土壤表层积聚了很多盐分，对作物有危害作用。尤其是设施栽培中的温室栽培，一经建设好，就不易搬动，土壤盐分积聚后，以及多年栽培相同作物，造成土壤养分平衡，发生连作障碍，一直是个难以解决的问题。在万不得已的情况下，只能用耗工费力的"客土"方法解决。而应用无土栽培后，特别是采用水培，则从根本上解决了此问题。土传病害也是设施栽培的难点，土壤消毒，不仅困难而且消耗大量能源，成本可观，且难以消毒彻底。若用药剂消毒既缺乏高效药品，同时药剂有害成分的残留又危害健康，污染环境。无土栽培则是避免或从根本上杜绝土传病害的有效方法。

五、不受地区限制、充分利用空间

无土栽培使作物彻底脱离了土壤环境，因而也就摆脱了土地的约束。耕地被认为是有限的、宝贵的，又是不可再生的自然资源，尤其对一些耕地缺乏的地区和国家，无土栽培就更有意义。无土栽培应用农业生产后，过去无法利用的沙漠、荒原或难以耕种的盐碱地区，都可采用无土栽培方法加以利用。此外，无土栽培还不受空间限制，可以利用城市楼房的平面屋顶以及立体种植等种菜种花，大大扩大了栽培面积。

六、有利于实现农业现代化

无土栽培使农业生产摆脱了自然环境的制约，可以按照人的意志进行生产，所以是一种受控农业的生产方式。较大程度地按数量化指标进行耕作，有利于实现机械化、自动化，从而逐步走向工业化的生产方式。在奥地利、荷兰、苏联、美国、日本等都有水培"工厂"，是现代化农业的标志。

缺点是：一次性投资较大，需要增添设备，如果营养源受到污染，容易蔓延，营养液配制需要技术知识。

第三节 蔬菜无土栽培分类

蔬菜无土栽培是当今世界上最先进的栽培技术，由于无土栽培比有土栽培具有许多优点，因此近几年来无土栽培面积发展呈直线上升趋势。一般无土栽培的类型主要有水培、雾培和基质培三大类。现以叶菜类蔬菜水培技术进行系统介绍，进一步推进无土栽培应用和推广。

一、水培

水培是指植物根系直接与营养液接触，不用基质的栽培方法。最早的水培是将植物根系浸入营养液中生长，这种方式会出现缺氧现象，影响根系呼吸，严重时造成根系死亡。为了解决供氧问题，英国 Cooper 在 1973 年提出了营养液膜法的水培方式，简称

"NFT（Nutrient Film Technique）"。它的原理是使一层很薄的营养液（0.5～1厘米）层，不断循环流经作物根系，既保证不断供给作物水分和养分，又不断供给根系新鲜氧气。NFT法栽培作物，灌溉技术大大简化，不必每天计算作物需水量，营养元素均衡供给。根系与土壤隔离，可避免各种土传病害，也无需进行土壤消毒。

此方法栽培植物直接从溶液中吸取营养，蔬菜主根退化、须根发达，便于从营养液中吸收营养。例如，黄瓜无限型生长，主蔓可达10～15米，主根根系仅45厘米。

以叶菜类水培为例简单地介绍叶菜类水培的意义及其基础设施结构。

1. 叶菜类水培的意义

绝大多数叶菜类蔬菜采用水培方式进行，其原因有以下几点。

（1）产品质量好　叶菜类多食用植物的茎叶，如生菜、芹菜、菊苣等要求产品鲜嫩、洁净、无污染，便于清洗。土培蔬菜容易受污染，沾有泥土，清洗起来不方便，而水培叶菜类营养配比合理，比土培蔬菜质量好，洁净、鲜嫩、口感好、品质优。

（2）适应市场需求，可在同一场地进行周年栽培　叶菜类蔬菜不易贮藏，但为了满足市场需求，需要周年生产。土培叶菜倒茬作业烦琐，需要整地作畦、定植施肥、浇水等作业，而无土栽培换茬很简单，只需将幼苗植入定植孔中即可，例如，生菜一年365天天天可以播种、定植、采收，不间断地连续生产。所以水培方式便于茬口安排，适合于计划性、合同性、工厂化周年生产。

（3）解决蔬菜淡季市场需求　叶菜类一般植株矮小，无需增加支架设施，故设施投资小、生长周期短，周转快。水培方式又属设施生产，一般不易被外力破坏，抗风险能力较强。在恶劣天气及环境气候变化时仍能供应市场，可以获得较高经济价值。

第九章　蔬菜无土栽培

（4）不需中途更换营养液，节省肥料　由于叶菜类生长周期短，如果中途无大的生理病害发生，一般从定植到采收只需定植时配一次营养液，无需中途更换营养液。果菜类由于生长期长，即使无大的生理病害，为保证营养液养分的均衡，则需要及时更新营养液。

（5）经济效益　高水培叶菜可以避免连作障害，复种指数高。设施运转率一年高达20茬以上，生产经济效益高。为此一般叶菜类蔬菜常采用水培方式进行。

2. 水培基础设施结构

通过国内多家科研机构及大型企业引进，参考国外水培设施，结合我国现实经济水平已研究开发出 DFT 式水培设施。此设施由营养液槽、栽培床、营养液系统三部分组成，现分别介绍如下。

（1）营养液槽　营养液槽是储存营养液的设备，一般用砖和水泥砌成水槽置于地下。因这种营养液槽容量大，无论是冬季还是夏季营养液的温度变化不大。但使用营养液槽必须靠泵的动力加液，因此必须在有电源的地方才能使用。营养液槽的容积，一般每亩（1 亩=666.7 平方米，下同）的水培面积需要 5~7 吨水的标准设计，具体宽窄可根据温室地形灵活设计。营养液槽的施工是一项技术性较强的工作。一般用砖和水泥砌成，也可用钢筋水泥筑成。为了使液槽不漏水、不渗水和不返水，施工时必须加入防渗材料，并于液槽内壁涂上除水材料。除此之外，为了便于液槽的清洗和使水泵维持一定的水量，在设计施工中应在液槽的一角放水泵之处做一个 20 厘米见方的小水槽，以便于营养液槽的清洗。

（2）栽培床　栽培床是作物生长的场地，是水培设施的主体部分。作物的根部在床上被固定并得到支撑，从栽培床中得到水分、养分和氧气。栽培床由床体和定植板（也称栽培板）两部分组成。

① 床体。床体是用来盛营养液和栽植作物的装置。栽培床床

体由聚苯材料制成。床体规格有两种：一种是长 75 厘米，宽 96 厘米，高 17 厘米；另一种是长 100 厘米，宽 66 厘米，高 17 厘米。两种规格根据温室跨度搭配使用。这种聚苯材料的床体具有重量轻，便于组装等特点，使用寿命长达 10 年以上。为了不让营养液渗漏和保护床体，里面铺一层厚 0.15 毫米，宽 1.45 米的黑膜。

② 栽培板。栽培板用以固定根部，防止灰尘侵入，挡住光线射入，防止藻类产生并保持床内营养液温度的稳定。栽培板也是由聚苯板制成的，长 89 厘米，宽 59 厘米，厚 3 厘米，上面排列直径 3 厘米的定植孔，孔的距离为 8 厘米×12 厘米。可以根据不同作物需要自行调整株行距。栽培板的使用寿命也在 10 年以上。

（3）营养液系统 营养液系统包括加液系统、排液系统和循环系统。

水培设施的给液，一般是由水泵把营养液抽进栽培床。床中保持 5~8 厘米深的水位，向栽培床加液的设施由铁制或塑料制的加液主管和塑料制的加液支管组成，塑料支管上每隔 1.5 米有 1 直径 3 厘米的小孔。营养液从小孔中流入栽培床。营养液循环途径是营养液由水泵从营养液槽抽出，经加液主管、加液支管进入栽培床，被作物根部吸收。高出排液口的营养液，顺排液口通过排液沟流回营养液槽，完成一次循环。

适宜水培的叶菜品种很多，经试验成功适宜水培的叶菜品种有芹菜、三叶芹、苋菜、生菜、菊苣、芥蓝、菜心、油菜、小白菜、薹菜、豆瓣菜、水芹、细香葱、大叶芥菜、羽衣甘蓝、紫背天葵、马铃薯等。

深液流法水培蔬菜技术实际上就是工厂化生产蔬菜，所产蔬菜不仅不含任何有害化学物质，同时还具有一定的保健作用；运用这项技术不仅可以生产成品，同时也可以培育种苗。

二、雾培

雾培又称气培或雾气培。它是将营养液压缩成气雾状而直接喷到作物的根系上，根系悬挂于容器的空间内部。通常是用聚丙烯泡沫塑料板，其上按一定距离钻孔，于孔中栽培作物。两块泡沫板斜搭成三角形，形成空间，供液管道在三角形空间内通过，向悬垂下来的根系上喷雾。一般每间隔 2～3 分钟喷雾几秒钟，营养液循环利用，同时保证作物根系有充足的氧气。但此方法设备费用太高，需要消耗大量电能，且不能停电，没有缓冲的余地，还只限于科学研究应用，未进行大面积生产，因此最好不要用此方法。此方法栽培植物机理同水培，因此根系状况同水培。

三、基质栽培

基质栽培是无土栽培中推广面积最大的一种方式。它是将作物的根系固定在有机或无机的基质中，通过滴灌或细流灌溉的方法，供给作物营养液。栽培基质可以装入塑料袋内，或铺于栽培沟或槽内。基质栽培的营养液是不循环的，称为开路系统，这可以避免病害通过营养液的循环而传播。

基质栽培缓冲能力强，不存在水分、养分与供氧气之间的矛盾，且设备较水培和雾培简单，甚至可不需要动力，所以投资少、成本低，生产中普遍采用。从我国现状出发，基质栽培是最有现实意义的一种方式。

栽培基质中岩棉的优点是可形成系列产品（岩棉栓、块、板等）的，使用搬运方便，并可进行消毒后多次使用。但是使用几年后就不能再利用，废岩棉的处理比较困难，在使用岩棉栽培面积最大的荷兰，已形成公害。所以，我国现在开发利用有机基质（农业生产废料，花生壳、棉籽壳、秸秆等），使用后可翻入土壤中作有机肥料，改善土壤团粒结构而不污染环境，是很好的无土栽培基质。此种方法因为有基质的参与，实际操作中可能会见到主根的长度比一般无土栽培可能长，但是就黄瓜的表现，主根一般不超过 60 厘米。

第四节 影响蔬菜无土栽培成功的关键因素

不论采用何种类型的无土栽培，几个最基本的环节必须掌握，无土栽培时营养液必须溶解在水中，然后供给植物根系。基质栽培时，营养液浇在基质中，而后被作物根系吸收。所以对水质、营养液和所用的基质的物理、化学性状，必须有所了解。

一、水质

水质与营养液的配制有密切关系。水质标准的主要指标是电导率（EC）、pH 值和有害物质含量是否超标。

电导率（EC）是溶液含盐浓度的指标，可用电导率测定。各种作物耐盐性不同，耐盐性强的如甜菜、菠菜、甘蓝类。耐盐中等的如黄瓜、菜豆、甜椒等。无土栽培对水质要求严格，尤其是水培，因为它不像土壤栽培具有缓冲能力，所以许多元素含量都比土壤栽培允许的浓度标准低，否则就会发生毒害，一些农田用水不一定适合无土栽培，收集雨水做无土栽培，是很好的方法。无土栽培的水，pH 值不要太高或太低，因为一般作物对营养液 pH 值的要求从中性为好，如果水质本身 pH 值偏高或低，就要用酸或碱进行调整，既浪费药品又费时费工。

二、营养液配方

营养液是无土栽培的关键，不同作物要求不同的营养液配方。

世界上发表的配方很多，但大同小异，因为最初的配方来源于对土壤浸提液的化学成分分析。营养液配方中，差别最大的是其中氮和钾的比例。

配制营养液要考虑到化学试剂的纯度和成本，生产上可以使用化肥以降低成本。配制的方法是先配出母液（原液），再进行稀释，可以节省容器便于保存。需将含钙的物质单独盛在一容器内，使用时将母液稀释后再与含钙物质的稀释液相混合，现配现用，尽量避免形成沉淀。营养液的 pH 值要经过测定，必须调整到适于作物生育的 pH 值范围，水量调整时尤其要注意 pH 值的调整，以免发生毒害。

三、栽培基质

用于无土栽培的基质种类很多。可根据当地基质来源，因地制宜地加以选择，尽量选用原料丰富易得、价格低廉、理化性状好的材料作为无土栽培的基质。

1. 对基质的要求

（1）具有一定大小的固形物质 这会影响基质是否具有良好的物理性状。基质颗粒大小会影响容量、孔隙度、空气和水的含量。按照粒径大小可分为五级、即：1 毫米；1～5 毫米；5～10 毫米；10～20 毫米；20～50 毫米。可以根据栽培作物种类、根系生长特点、当地资源状况加以选择。

（2）具有良好的物理性质 基质必须疏松、保水、保肥性好，透气性强。南京农业大学吴志行等研究认为，对蔬菜作物比较理想的基质，其粒径最好以 0.5～10 毫米，总孔隙度＞55%，容重为 0.1～0.8 克/立方厘米，空气容积为 25%～30%，基质的水气比为 1:4。

（3）具有稳定的化学性状 本身不含有害成分，不使营养液发生变化。基质的化学性状主要指以下几方面。

pH值：反应基质的酸碱度，非常重要。它会影响营养液的pH值及成分变化。pH值为6～7被认为是理想的基质。

电导率（EC）：反映已经电离的盐类溶液浓度，直接影响营养液的成分和作物根系对各种元素的吸收。

缓冲能力：反映基质对肥料迅速改变pH值的缓冲能力，要求缓冲能力越强越好。

盐基代换量：是指在pH＝7时测定的可替换的阳离子含量。一般有机机质，如树皮、锯末、草炭等可代换的物质多；无机基质中蛭石可代换物质较多，而其他惰性基质则可代换物质就很少。

（4）要求基质取材方便，来源广泛，价格低廉 在无土栽培中，基质的作用是固定和支持作物、吸附营养液、增强根系的透气性。基质是十分重要的材料，直接关系栽培的成败。基质栽培时，一定要按上述几个方面严格选择。北京农业大学园艺系通过试验研究，在黄瓜基质栽培时，营养液与基质之间存在着显著的交互作用，互为影响又互相补充。所以水培时的营养液配方，在基质栽培时，特别是使用有机基质时，会受基质本身营养元素成分的含量、可代换程度等因素的影响，而使配方的栽培效果发生变化，这是应当加以考虑的问题，不能生搬硬套。

2. 最常用的基质消毒方法

（1）蒸汽消毒 此法简便易行，经济实惠，安全可靠。凡在温室栽培条件下以蒸汽进行加热的，均可进行蒸汽消毒。方法是将基质装入柜内或箱内（体积1～2立方米），用通气管通入蒸汽进行密闭消毒。一般在70～90℃条件下持续15～30分钟即可。

（2）化学药品消毒 所用的化学药品有甲醛、甲基溴（溴甲烷）、威百亩、漂白剂等。

40%甲醛又称福尔马林，是一种良好的杀菌剂，但对害虫效果较差。使用时一般用水稀释成 40～50 倍液，然后用喷壶每平方米 20～40 升水量喷洒基质，将基质均匀喷湿，喷洒完毕后用塑料薄膜覆盖 24 小时以上。使用前揭去薄膜让基质风干两周左右，以消除残留药物危害。

氯化苦。该药剂为液体，能有效地防治线虫、昆虫、一些杂草种子和具有抗性的真菌等。一般先将基质整齐堆放 30 厘米厚度，然后每隔 20～30 厘米向基质内 15 厘米深度处注入氯化苦药液 3～5 毫升，并立即将注射孔堵塞。一层基质放完药后，再在其上铺同样厚度的一层基质打孔放药，如此反复，共铺 2～3 层，最后覆盖塑料薄膜，使基质在 15～20℃条件下熏蒸 7～10 天。基质使用前要有 7～8 天的风干时间，以防止直接使用时危害作物。氯化苦对活的植物组织和人体有毒害作用，使用时务必注意安全。

威百亩。威百亩是一种水溶性熏蒸剂，对线虫、杂草和某些真菌有杀伤作用。使用时 1 升威百亩加入 10～15 升水稀释，然后均匀喷洒在 10 平方米基质表面，施药且将基质密封，半月后可以使用。

漂白剂（次氯酸钠或次氯酸钙）。该消毒剂尤其适于砾石、沙子消毒。一般在水池中配制 0.3%～1% 的药液（有效氯含量），浸泡基质 0.5 小时以上，最后用清水冲洗，消除残留氯。此法简便迅速，短时间就能完成。次氯酸也可代替漂白剂用于基质消毒。

四、供液系统

无土栽培供液方式很多，有营养液膜（NFT）灌溉法、漫灌法、双壁管式灌溉系统、滴灌系统、虹吸法、喷雾法和人工浇灌等。归纳起来可以分为循环水（闭路系统）和非循环水（开路系统）两大类。生产中应用较多的是营养液膜法和滴灌法。

1. 营养液膜法（NET）

（1）备3个母液储液灌（槽）　1个盛硝酸钙母液，1个盛其他营养元素的母液，另1个盛磷酸或硝酸，用以调节营养液的pH值。

（2）储液槽　储存稀释后的营养液，用泵将其液由栽培床高的一端送入，由低的一端回流。液槽大小与栽培面积有关，一般1000平方米要求储液槽容量为4~5吨。储液槽的另一个作用就是回收由回流管路流回的营养液。

（3）过滤装置　在营养液的进水口和出水口要求安装过滤器，以保证营养液清洁，不会造成供液系统堵塞。

2. 滴灌系统的灌溉方法

（1）备两个浓缩的营养液罐，存放母液　一个液罐中含有钙元素，另一个是不含钙的其他元素。

（2）浓酸罐　用于调节营养液的pH值。

（3）储液槽　用来盛放稀释好的营养液。储液槽的高度与供液距离有关，只要高于1米，就可供30~40米的距离。如果用泵抽，则储液槽高度不受限制。甚至可在地下设置。

（4）管路系统　用各种直径的黑色塑料管，不能用白色，以避免藻类的滋生。

（5）滴头　固定在作物根际附近的供液装置，常用的有孔口式滴头和线性发丝管。孔口式滴头在低压供液系统中流量不太均匀，发丝管比较均匀。但共同的问题是易堵塞，所以在储液槽的进出口处，也必须安装过滤器，滤出杂质。

五、基质消毒

无土栽培基质长时间使用后会聚积病菌和虫卵，尤其在连作条件下，更容易发生病虫害。因此，每茬作物收获以后，下一次使用之前一定要对基质进行消毒处理。

第五节　蔬菜无土栽培的应用

一、用于反季节和高档蔬菜的生产

　　当前多数国家用无土栽培生产洁净、优质、高档、新鲜、高产的蔬菜产品，多用于反季节和长季节栽培。例如，近几年在厚皮甜瓜的东进、南移过程中，无土栽培技术发挥了巨大的作用，利用专用装置，采用有机基质栽培技术，为南方地区栽培甜瓜提供了有效的途径，在早春和秋冬栽培上市，经济效益十分可观。

　　另外，草本药用植培和食用菌无土栽培，同样效果良好。

二、在沙漠、荒滩、礁石岛、盐碱地等进行作物生产

　　在沙滩薄地、盐碱地、沙漠、礁石岛、南北极等不适宜进行土壤栽培的不毛之地可利用无土栽培大面积生产蔬菜和花卉，具有良好的效果。在我国直接关系到国土安全和经济安全，意义重大。例如，新疆吐鲁番西北园艺作物无土栽培中心在戈壁滩上兴建了112栋日光温室，占地面积34.2公顷，采用沙基质槽式栽培，种植蔬菜，产品在国内外市场销售，取得了良好的经济效益和社会效益。

三、在设施园艺中应用

　　无土栽培技术作为解决温室等园艺保护设施土壤连作障碍的有效途径被世界各国广泛应用，在我国设施园艺迅猛发展的今天，更具有其重要的意义，我国现有温室、大棚 90 万公顷，成为世界设施园艺面积最大的国家，但长期土壤栽培的结果，连作障碍日益严重，直接影响设施园艺的生产效益和可持续发展，适合国情的各种

无土栽培形式在解决设施园艺连作障碍的难题中发挥了重要的作用，为设施园艺的可持续发展提供了技术保障。

四、在家庭中的应用

采用无土栽培在自家的庭院、阳台和屋顶来种花、种菜，既有娱乐性又有一定的观赏和食用价值，便于操作、洁净卫生，可美化环境。

五、太空农业上的应用

随着航天事业的发展和人类进住太空的需要，在太空中采用无土栽培种植绿色植物，来供应宇航员需要是最有效的方法。无土栽培技术在航天农业上的研究与应用正发挥着重要的作用，如美国肯尼迪宇航中心对用无土栽培生产宇航员在太空中所需食物做了大量研究与应用工作，有些蔬菜作物的栽培已获成功，并取得了很好的效果。

第六节 无土栽培的发展前景

从历史上来看，农业文明标志，就是人类对作物生长发育的干预和控制程度。实践证明，对作物地上部分的环境条件的控制，比较容易做到，但对地下部分的控制（根系的控制），在常规土培条件下是很困难的。无土栽培技术的出现，使人类获得了包括无机营养条件在内的，对作物生长全部环境条件进行精密控制的能力，从而使得农业生产有可能彻底摆脱自然条件的制约，完全按照人的愿望，向着自动化、机械化和工厂化的生产方式发展。这将会使农作物的产量得以几倍、几十倍甚至成百倍地增长。

从资源的角度看，耕地是一种极为宝贵的、不可再生的资源。

由于无土栽培可以将许多不可耕地加以开发利用，所以使得不能再生的耕地资源得到了扩展和补充，这对于缓和及解决地球上日益严重的耕地问题，有着深远的意义。无土栽培不但可使地球上许多荒漠变成绿洲，而且在不久的将来，海洋、太空也将成为新的开发利用领域。美国宇宙空间植物栽培，只能是无土栽培。因而无土栽培技术在日本，已被许多科学家做为研究"宇宙农场"的有力手段，人们称为太空时代的农业，已经不再是不可思议的问题。

　　水资源的问题，也是世界上日益严重地威胁人类的生存发展的大问题。不仅在干旱地区，就是在发达的人口稠密的大城市，水资源紧缺问题也越来越突出。随着人口的不断增长，各种水资源被超量开采，某些地区已近枯竭。所以控制农业用水是节水的措施之一，而无土栽培，避免了水分大量的渗漏和流失，使得难以再生的水资源得到补偿。它必将成为节水型农业、旱区农业的必由之路。

　　诚然，无土栽培技术在走向实用化的进程中也存在不少问题。突出的问题是成本高、一次性投资大；同时还要求较高的管理水平，管理人员必须具备一定的科学知识，这也不是任何地方都能做到的。

　　从理论上讲，进一步研究矿质营养状况的生理指标，减少管理上的盲目性，也是有待解决的问题。此外，无土栽培中的病虫防治、基质和营养液的消毒、废弃基质的处理等，也需进一步研究解决。但是随着科学技术的发展、提高，更重要的是这项新技术本身固有的种种优越性，已向人们显示了无限广阔的发展前景。

第十章　花卉无土栽培

第一节　花卉无土栽培的概念、优势及发展前景

一、花卉无土栽培概念

花卉无土栽培是指用不含土壤的材料作为栽培基质来栽培花卉的一种新兴的花卉栽培技术。它的原理是利用人工配制的培养液，代替土壤给花卉生长发育提供充足的营养，使花卉正常生长来完成其整个生命周期。

二、花卉无土栽培的优势

1. 有利于提高花卉的产量和品质，便与产业化栽培

无土栽培的花卉由于营养条件及栽培环境都可人为控制，有利于提高花卉的产量和品质，特别适用于产业化花卉生产及开发。无杂草、无病虫、清洁卫生。花卉栽培是用于美化、香化、亮化环境，给人以赏心悦目的感觉和心灵空间，特别是城市住宅空间立体化发展的今天，人们更加追求干净、卫生、温馨、舒适、漂亮的生存空间。

2. 节约养分、肥水和劳力，减小劳动强度

无土栽培花卉按照花卉生长规律合理配制营养，不需要耕作和除草，全部生产过程利于电子计算机控制，便于花卉生产的工厂

化、规模化、标准化、自动化。

3. 适应性广，栽培空间广泛

栽培环境多样化、立体化、栽培条件便于调控，在没有土壤的盐碱地、海岛、荒漠都可以种植。

三、花卉无土栽培的发展前景

花卉无土栽培作为一项较新的栽培形式，在我国虽然起步较晚，但其迅猛发展的势头已初步表现出来，今后发展速度将会更快，集约化、自动化、现代化程度也会日益提高，生产效益会更加提高。作为"世界园林之母"的中国，花卉无土栽培的前景是不可估量的。

1. 在家庭中的应用

利用家庭的庭院、阳台、天台进行花卉无土栽培，即干净卫生、操作简便、锻炼身体，又亲近自然、陶冶情操。家庭无土栽培主要应用切花和盆花两方面。

2. 育苗

无土育苗主要是播种育苗、扦插育苗和组培育苗。与传统育苗相比，无土育苗省时省工、繁殖系数高、整齐一致、壮苗率高，适宜大规模工厂化育苗。

3. 在科学研究中的应用

无土栽培提供了进行科学研究的实验控制途径，为植物某一机理的研究提供精细控制的培养条件。同时便于观察和研究。

4. 在农村休闲观光中的应用

随着旅游业的不断发展，无土栽培在一定程度上解决土地资源不足、土壤连作等问题，另外无土栽培更注重栽培的艺术性、立体景观效果，进行人工造字、造景。花卉市场上出现无土栽培盆景，根系埋在蛭石、苔藓、泥炭等天然或人工合成的基质、水或玻璃瓶中供人们赏玩，置山水景观于掌股间。如图 10-1 所示为水培花卉。

图 10-1　水培花卉

第二节　花卉无土栽培的分类及栽培基质

一、花卉无土栽培的类型

目前，花卉生产上常用的栽培类型主要有水培、雾培（气培）和基质培。水培主要用于鲜切花生产，多采用营养液膜技术（NFT）栽培；雾培（气培）是使花卉一直处于含有各种营养元素的饱和的水汽环境中，水汽中的各种营养可供根系和叶面直接吸收。

二、花卉栽培的形式

基质栽培主要有槽栽、袋栽、盆栽、立柱式栽培等。

三、花卉栽培基质的选择标准

花卉栽培根据不同的栽培目的、花卉种类、材料的来源选择不同的栽培基质。选择基质的原则：要有良好的物理性状、结构和通气性；有较强的吸水和保水能力；价格低廉，调制和配制简单；无杂质、无病、虫、菌、异味；良好的化学性状，具有较好的缓冲能力和适宜的 EC 值。

四、常用的栽培基质类型

有机基质（腐叶、泥炭、草炭土、锯末、泡沫塑料、树皮、砻糠等）和无机基质（砾石、沙子、陶粒、岩棉、珍珠岩、蛭石等）。

第三节　花卉栽培的营养液配制

一、花卉营养液通用配方

无土栽培花卉需营养液，配制时所用的各种元素及其用量，应根据所栽培花卉的品种及其不同生育期、不同地区来决定。采用离子平衡吸收（合适配比），有花卉植物生长所必需的全元素矿质营养的低电导率营养液。推荐配方如下。

① 大量元素：硝酸钙 0.27 克，硝酸钾 0.13 克，磷酸二氢钾 0.08 克，硫酸镁 0.13 克。

② 微量元素：乙二胺四乙酸二钠 8.0 毫克，硫酸亚铁 5.0 毫克，硫酸锰 1.4 毫克，硼酸 2.0 毫克，硫酸锌 0.07 毫克，硫酸铜 0.04 毫克，钼酸钠 0.09 毫克。

③ 纯净水：1 升（1000 毫升）酸碱度 pH 值为 5.5～6.5。

二、营养液用法

盆花生长期每周浇水 1 次，每次用量可根据植株大小酌定，例如，花盆内径为 20 厘米的喜阳性花卉，每次约浇 100 毫升，耐阴性花卉用量酌减，冬季或休眠期，每半个月或 1 个月浇 1 次，平时水分补充仍用自来水，花卉养护与传统方法基本相同。配制营养液，如用自来水，因其含有氯化物，对花卉有害，应加入少量乙二胺四乙酸钠；如用河水和湖水，需要经过过滤，各种花卉所需的营养液温度要根据它们的生态习性而定。例如，郁金香的适温为 10～12℃；香石竹、含羞草、蕨类植物为 12～15℃；菊花、唐菖蒲、鸢尾、风信子、水仙、百合为 15～18℃；月季、玫瑰、百日草、非洲菊、秋海棠为 20～25℃；王莲、仙人掌类和其他热带花卉为 25～30℃。配制和储存营养液，切勿使用金属容器，应用陶瓷、搪瓷、塑料和玻璃器皿。先用 50℃ 少量温水将各种元素分别溶化，再按配方所列顺序逐个倒入装有相当于所定容量 75％ 的水中，边倒边搅拌，最后将水加到全量。使用时应从不同部位分别倒入。

三、配制营养液应注意的问题

配制营养液时应注意避免难溶性物质沉淀的问题，因为营养液中含有大量的钙、镁、铁、锰等阳离子和磷酸根、硫酸根等阴离子，配置过程中严格注意混合和溶解肥料的顺序，以免产生沉淀。配制浓缩储备液时一般分成 A、B、C 三种母液：A 母液以钙盐为中心，凡不能与钙作用产生沉淀的盐都可以放在一起；B 母液以磷酸盐为中心，凡不能与磷酸根产生沉淀的放在一起；C 母液由铁和微量元素合在一起配成，因其用量小，可以配置成倍数很高的母液。配制时先稀释，缓慢倒入另一种稀释的母液，确保不产生沉淀。

第四节　花卉营养液缺素症状诊断

根据花卉缺素症表现是花卉生长健壮与否的晴雨表，应花卉不同生育期表现，及时调整营养液配方，确保花卉生长健壮。

（1）缺氮　植株瘦小、生长势弱，从下部叶片逐渐变黄甚至枯死。

（2）缺磷　植株瘦小，分支或分蘖少，有时老叶叶脉间出现紫褐色斑点，幼叶变小，影响花芽形成，花小而少，果实发育不良。

（3）缺钾　茎秆纤弱易折，老叶边缘干缩，叶尖及叶缘变成黄褐色甚至干枯。

（4）缺钙　幼叶尖端弯曲成钩状，叶尖、叶缘坏死。

（5）缺镁　先是老叶叶脉间失绿，严重时常出现坏死斑点，叶尖、叶缘向上弯曲，叶片呈勺状。

（6）缺硫　新叶黄花，叶细长而小，植株较矮小。

（7）缺铁　先是新叶叶脉间褪绿，叶脉仍呈绿色，进而叶脉也褪绿，最后全叶变成黄白色。

（8）缺硼　叶片变厚变脆，卷曲萎缩，花小而少，结实率或坐果率低。

（9）缺硫　叶色变成淡绿色，甚至变成白色，扩展到新叶，叶片细小，植株矮小，开花推迟，根部明显伸长。

（10）缺锌　植株节间明显萎缩僵化，叶变黄或变小，叶脉间出现黄斑，蔓延至新叶，幼叶硬而小，且黄白化。

（11）缺钼　幼叶黄绿色，叶片失绿凋谢，以致坏死。

（12）缺铜　叶尖发白，幼叶萎缩，出现白色叶斑。

出现上述营养缺乏症时，也应仔细查清。因有时也不一定是由于营养缺乏所造成的，有可能是由于酸碱度不适当，也有的是因同时缺乏几种元素引起的。一定要弄清情况，对症下药。

第五节　花卉无土栽培实际操作技术

一、水培花卉的操作技术

水培花卉养护简单，特别适合家庭、办公室的装饰和美化，受到很多人的喜爱，摆在家里既高雅又美化、亮化空间。

从花卉生长周期来看，水培花卉有两个重要阶段：一是幼苗的培育阶段，即水培繁育幼苗；二是花卉成品的养护管理阶段，即用户进行个人操作的水培工序。通过以上两个阶段的工作，遵循正确的栽培规则并留意养护过程中应注意的问题，就可以培育出漂亮、清洁、高雅、健康的水培花卉。

1. 水培繁植苗床的建立及方法

水培繁殖的苗床必须不漏水，多用混凝土做成或用砖作沿砌成用薄膜铺上即可，宽1.2～1.5米，长度视规模而定，最好建成阶梯式的苗床，有利于水的流动，增加水中氧气含量。在床底铺设给水加温的电热线，使水温稳定在21～25℃的最佳生根温度。水繁一年四季都可进行，水温通过控制仪器控制在25℃左右，过高或过低对生根都不利。水培繁殖时植物苗木应浅插，水或营养液在床中5～8厘米。但为了使植物苗木保持稳定，可在底部放入洁净的沙，这种方法也可叫作沙水繁。或在苯乙烯泡沫塑料板上钻孔，或在水面上架设网格皆可，将植物苗木插在板上，放入水中。在生根过程中每天用水泵定时抽水循环，以保持水中氧气充足。

2. 适宜水培栽培的花卉类型及品种

① 水培花卉应选择无病虫害、生长健壮、有市场发展前景的高档花卉，这样能产生很好的效果和效益。所有的水生花卉都适合水培，如风车草、莲花、水花生、水浮萍；半水生的花卉也适合水培，如富贵竹；大多数的土生花卉能够做水培，选择上应选择喜荫花卉。

② 水培效果较好的花卉有香石竹、文竹、非洲菊、郁金香、风信子、菊花、马蹄莲、大岩桐、仙客来、月季、唐菖蒲、兰花、万年青、蔓绿绒、巴西木、绿巨人、鹅掌柴以及盆景花卉（如福建茶、九里香）等。

③ 一般可进行水培的有龟背竹、米兰、君子兰、茶花、月季、茉莉、杜鹃、金梧、万年青、紫罗兰、蝴蝶兰、倒挂金钟、五针松、喜树蕉、橡胶榕、巴西铁、秋海棠类、蕨类植物、棕榈科植物等。还有各种观叶植物。如天南星科的丛生春芋、银苞芋、火鹤花、广东吊兰、银边万年青；景天种类的莲花掌、芙蓉掌及其他类的君子兰、兜兰、蟹爪兰、富贵竹、吊凤梨、银叶菊、巴西木、常春藤，彩叶草等百余种。

3. 水培过程中应注意的问题

① 配制营养液时，忌用金属容器，更不能用它来存放营养液，最好使用玻璃、搪瓷、陶瓷器皿。

② 在配制营养液时如果使用自来水，则要对自来水进行处理，因为自来水中大多含有氯化物和硫化物，它们对植物均有害，还有一些重碳酸盐也会妨碍根系对铁的吸收。因此，在使用自来水配制营养液时，应加入少量的乙二胺四乙酸钠或腐殖酸盐化合物来处理水中氯化物和硫化物。如果水培花卉技术的基质采用泥炭，就可以消除上述缺点。如果地下水的水质不良，可以采用无污染的河水或湖水配制。

③ 一般情况下，盆中的栽培水过 1～2 个月要更换一次，用自来水即可，但注意要将自来水放置一段时间再用，以保持根系温度平稳。

④ 水培花卉大都是适合于室内栽培的阴性和中性花卉，对光线有各自的要求。阴性花卉如蕨类、兰科、天南星科植物，应适度遮阴；中型花卉如龟背竹、鹅掌柴、一品红等对光照强度要求不严格，一般喜欢阳光充足，在遮阴下也能正常生长。保证花卉正常生长的温度很重要，花卉根系在 15～30℃ 范围内生长良好。

⑤ 应注意辨别花卉的根色以判断是否生长良好。光线、温度、营养液浓度恰当的全根或根嘴是白色的。请注意严禁营养液过量，

严禁缩短加营养液的时间间隔。

⑥ 水培花卉生长过程中，如果发现叶尖有水珠渗出，需要适当降低水面高度，让更多的根系暴露在空气中，减少水中的浸泡比例。

二、家庭常用花卉的水培方法

将土培变为水培是为了降低成本，满足市场的供应，清洁环境、美化空间。

（1）容器和用具的选择　水培花卉具有展现观赏花卉根系之美的特点，因此容器应当清晰透明。现在市场上透明的玻璃花瓶、塑料花瓶、有机玻璃花瓶种类越来越多，造型千姿百态，与土栽的花盆相比，更为高雅，更能与居室环境相配合，提高装饰效果和品位。

（2）水培花卉的洗根处理　对于土壤栽培的花卉，先用水润湿泥土，再把植株移出，去掉泥土，用清水洗净根部备用。

植株的选择：首先，作水培的植株应株形美观，有良好的装饰效果，太小的植株观赏效果不好，不宜作洗根材料；第二，选择生长健壮，无病虫害的植株。健壮的植株容易恢复，容易适宜水环境。有些刚分株、根系较差的植株也不宜作洗根材料，可在固体基质中养护，待其根系丰富后再洗根。

（3）花卉的定植　大苗定植：脱盆，用手轻敲花盆的四周，待土松动后可将整株植物从盆中脱出。去土，先用手轻轻把过多的泥土去除（可以用水直接冲洗干净为止）。水洗，将粘在根上的泥土或基质用水冲洗。剪定植篮，如果植株头部太大，而定植篮的孔径太小则需将定植篮的孔加大，方便种植。加营养液：将配制好的营养液加入容器。大苗定植，将植物的根系从定植篮中插入，小心伤根。固定，用海绵、麻石或雨花石固定（其他固物也可以）。成品，检查成品是否固定好。

小苗定植：小苗定植相对于大苗定植简易的多，主要步骤如下。盆苗，小苗一般不超过8厘米。小苗洗根，将小苗从盆中直接取出，根系在水中清洗一下，注意不可伤根。小苗定植，将根系从定植篮孔中直接插入，用石头固定即可。

（4）水位的控制　将洗根的花卉放在水瓶内，让根部展开并加入清水和营养液，水位宜低不宜高。根在水中即可，甚至可以更少一些，保持一个月的适应期，约4天换水一次，保持水质清洁并加进花卉营养液。

（5）营养液的使用　家庭水培时，基本上是采用静止水培法，水中的养分含量较少，应适当补充养分。对于水培花卉所需要的营养，建议使用市场上出售的专用营养液，因为不同的植物所需的养分不同，因此营养液的配方也有差别，购买时可根据栽培植物的不同选择不同的营养液。花店一般都有多种类型的营养液可供用户选择，如全营养型营养液、花卉水培驯化液、花卉叶面肥、生根营养液、浸种营养液、观叶植物营养液、君子兰营养液、仙人掌营养液等。

（6）前期养护管理　洗根水培前期应摆放在阴凉没有强光照射的地方，有利于植株恢复。从土壤基质中洗根进入水环境，植株有个适应恢复过程，这时会出现植株萎靡、叶片发黄等现象，阳光太强会加剧这种现象，影响恢复和观赏价值。长出新根后，植株就会逐渐恢复挺拔和生机。

三、基质培花卉的操作技术

（一）无土栽培基质的选择与应用

1. 几种常见的无土栽培基质

（1）沙　为无土栽培最早应用的基质。来源广泛，价格便宜。

但容重大，持水差。沙粒以粒径 0.6～2.0 毫米为好。使用前应过筛洗净，并测定其化学成分，供施肥参考。还应当注意的是，使用沙子作基质时，当外界温度很高，特别是日照过长时，沙子内部温度升高很快，易超过植物所适应的范围，使根系受到伤害。

（2）岩棉　由辉绿岩、石灰岩和焦炭三者按 3∶1∶1 或 4∶1∶1 混合，在 1600℃ 高温炉里熔化，然后喷成直径 0.5 毫米的纤维，冷却后加上黏合剂压成板块。岩棉质轻，空隙度大，吸水性很强，但持水性差。岩棉在栽培初期呈微碱性反应，所以进入岩棉的营养液最初呈微碱性，经过一段时间后，pH 值会下降，所以最初使用的岩棉最好用稀酸浸泡一下。

（3）蛭石　蛭石是由云母类矿物加热至 1093℃ 高温膨胀形成的，空隙度大，质轻，含有较多的钾、钙、镁等营养元素，具良好的保温、隔热、通气、保水、保肥作用。但蛭石较易破碎，而使结构受到破坏，孔隙度减少，结构变细，影响透气和排水，因此在使用和输送过程中不能受到重压。蛭石一般使用 1～2 次，其结构就变差了，需更换。

（4）珍珠岩　由灰色火山岩（铝硅酸盐）加热至 1200℃ 燃烧膨胀形成，易于排水通气，物化性质比较稳定，吸水能力强。但因其质轻，根系固定效果较差，所以最好和其他基质混合使用。

（5）陶粒　又称多孔陶粒或海氏砾石。它是陶土在 1100℃ 的陶窑中加热制成的，排水通气性能好，但持水差，容重大，日常管理麻烦，在现代无土栽培中已经逐渐被一些轻型基质代替。

（6）树皮　是木材加工过程中的下脚料。树皮化学组成因树种不同差异很大，大多数树皮含有酚类物质且碳氮比（C/N）比较高，故新鲜的树皮应堆沤 1 个月以上再使用。阔叶树皮较针叶树皮 C/N 高。树皮有很多种大小颗粒可供利用，在盆栽中常用直径为 1.5～6.0 毫米的颗粒。一般树皮的容重接近草炭，为 0.4～

0.53克/米。树皮在使用过程中会因物质分解而使容重增加，体积变小，结构受到破坏，造成通气不良，易积水，这种结构的劣变需要1年左右。

（7）锯木屑　是木材加工的下脚料，在资源丰富的地方多用作栽培花卉。以黄杉、铁杉锯末为好，含有毒物质树种的锯末不宜采用。锯末质轻，吸水保水力强并含一定营养物质，一般多与其他物质混合使用。

（8）泥炭　是植物茎叶根系长期自然堆积，在气温较低，雨水较少的条件下，植物残体缓慢分解而成。其容重小，富含有机质，持水保水能力强，偏酸性，含植物所需要的营养成分。但通透性差，很少单独使用，常与其他基质混合用于花卉栽培。

（9）稻壳　即炭化稻壳。质轻，孔隙度大，通透性好，持水力较强，含钾等多种营养成分，pH值高，使用过程中应注意调整。

（10）泡沫塑料　为人工合成物质，含脲甲醛，聚甲基甲酸酯，聚苯乙烯等。其质轻，孔隙度大，吸水力强。一般多与沙和泥炭等混合使用。

（11）复合基质　是由两种或几种基质按一定的比例配合而成的，克服了单一基质的缺点，如容重过重或过轻等，有利于提高栽培效果。配制复合基质用2～3种基质即可。

2. 无土栽培基质的选择和应用

基质的选用应遵循三个原则：根系的适应性，即能满足根系生长发育的需要；实用性，即质轻、性良、安全卫生；经济性，即能就地取材，来源广泛。

根系的适应性是基质选择时首先考虑的因素。无土基质的优点之一是可以创造植物根系生长发育所需要的最佳环境条件，即最佳的水气比例。气生根、肉质根需要很好的通气性，同时需要保持根系周围的湿度达80%以上。粗壮根系要求湿度达80%以上，且通气较好。纤细根系如杜鹃花根系要求根系环境湿度达 80％以上，甚至 100％，同时要求通气良好。在空气湿度大的地区，一些透气性良好的基质，如松针、锯末、水苔藓等非常合适。而在大气干燥的北方地区，这种基质的透气性过大，根系容易风干。北方水质多呈碱性，要求基质具有一定的氢离子浓度调节能力，因此，选用泥炭混合基质的效果比较好。

基质的实用性是指选用的基质是否适合所要种植的植物，一般来说，基质的容重在 0.5 克/立方厘米左右，总孔隙度在 60％左右，大小孔隙比在 0.5 左右，化学稳定性强，酸碱性接近中性，没有有毒物质存在时，都是适用的。有些基质在一种状态下不适用，但经一定处理后变得很适用。例如，新鲜甘蔗渣的 C/N 比很高，在栽培植物过程中，会发生微生物对氮的强烈固定作用，而使作物出现缺氮症状，但经过堆沤处理后，腐熟的甘蔗渣其 C/N 比降低，成为很好的基质。有时一些基质在一种情况下适用，而在另一种情况下又变的不适用了。如颗粒较细的泥炭，对育苗是适用的，但在袋培滴灌时由于透气性差而变的不适用。

选择基质时还要考虑其经济性。有些基质虽然对植物生长有良好作用，但来源不易或价格太高，使用受到限制。如岩棉是较好的基质，但我国农用岩棉只处于试产阶段，多数岩棉仍需进口。又如甘蔗渣也是一种良好的基质，在南方是一种很廉价的副产物，来源广，价格低，而在北方泥炭又是一种物美价廉的基质。再如炉渣、锯末屑等，都是性能良好，来源广泛的基质。

（二）常见无土基质消毒

1. 蒸汽消毒

凡是有条件的地方，可将要消毒的基质装入柜或箱中。生产面积较大时，基质可以堆成 20 厘米高，长宽根据地形而定，全部用防水防高温布盖上，通入蒸汽后，在 70～90℃条件下，消毒 1 小时即可。

2. 化学药剂消毒

常用的药剂有以下几种。

(1) 40％甲醛　40％甲醛是一种良好的杀菌剂，但对害虫效果较差。一般将40％的原液稀释50倍，用喷壶将基质均匀喷湿，覆盖塑料薄膜，经24～26小时后揭膜，风干两周后使用。

(2) 氯化苦　液体，能有效地杀死线虫、昆虫、一些杂草种子和病原真菌。先将基质整齐堆放30厘米厚，长宽根据具体情况而定。在基质上每隔30厘米打一深为10～15厘米的孔，每孔内用注射器注入5毫升氯化苦，随即将孔堵住，再在其上铺30厘米厚的基质，用同样的方法打孔注射氯化苦，共铺2～3层基质，然后盖上塑料薄膜，熏蒸7～10天后，揭开塑料薄膜，风干7～8天后即可使用。

(3) 威百菌　该药剂是一种水溶性熏蒸剂，对线虫、杂草和一些真菌有杀伤功能。使用时1升威百菌加入10～15升水稀释，然后喷洒在10平方米基质表面，施药后用塑料薄膜密封基质，15天后可以使用。

(4) 漂白剂　该消毒剂尤其适合砾石、沙子基质的消毒。一般在水池中配制含有效氯0.3％～1％的药液，浸泡基质0.5小时以上，最后用清水冲洗，消除残留氯。此法简便迅速，可在短时间内完成。

3. 太阳能消毒法

药剂消毒法虽然方便，但安全性差，并且会污染周围环境，而太阳能消毒法是一种廉价、安全、使用简便的消毒方法。具体方法是，在夏季高温季节，在温室或大棚中把基质堆成20～25厘米高，长、宽视具体情况而定，喷湿基质，使基质含水量超过80％，然后用塑料薄膜覆盖基质堆，如果是槽培，可直接浇水后在上面盖薄膜即可，密闭温室或大棚，暴晒 10～15 天，消毒效果良好。

（三）基质 pH 值的处理与调整

pH 值是一个动态系统，没有办法建立或消除它。无土栽培一般认为是水培系统，任何一种在种植前或种植后加入到这个系统的物质都会影响到 pH 值，当然也包括植物本身。

无土栽培基质不是一成不变的。从它被生产出来的那天开始，就一直在发生着变化：混合基质中的湿度会使石膏缓慢溶解，pH 值开始上升；基质中微生物的活动也在消耗着营养，同样会影响 pH 值；温度升高和存放时间太久也会产生一定的影响；另外，作物在栽培过程中，由于对营养液中阴阳离子的吸收程度不同，会导致营养液的 pH 值发生变化，从而引起基质 pH 值的变化。

为保证基质对植株的一致性，在使用基质前要对每一批基质 pH 值和 EC 值进行测试。如果需要的话，可以采取相应的措施。在植株种植全过程中，定期监测 pH 值和 EC 值的变化。

在花卉专业生产时，育苗用基质 pH 值的高低是影响种子正常发芽生长的一个重要的因素。对于花坛花类植物来说，多数种子发芽初期基质的 pH 值应为 5.5～6.5。使用时每周都要对基质的 pH 值以及 EC 值进行检测。对于部分需要 pH 值略高一些的植物来讲，可以随添加一些石灰石进行调整，检测时也要对所使用的水进行抽样。

另外，基质在存放中要注意防止污染，最好单独存放，不要和其他材料混在一起。总之，基质是持续成功生产高质量植株的最重要的因素，当基质灌溉量以及养分水平达到平衡时，植株就具有强壮的根系，健康生长。

四、气雾培花卉的操作技术

气雾栽培的生产管理较为简单，与土壤栽培相比可以节省大量的技术操作环节，是一种真正称得上省力化的农业模式。不需整地，不需除草，不需中耕，不需施肥与灌溉，如果做好防虫工作还不需施肥农药，只需播种与收获，只需阶段性地配换营养液即可，它的生产完全可以实现工艺化与流程化，是一种最适合工厂化生产的模式。

1. 气雾栽培种苗的培育

气雾栽培用苗最好以净根苗为好，一般采用海绵块育苗，也可以用珍珠岩基质进行育苗，以下为两种育苗方法的简要介绍。

① 利用海绵根系易穿透而且具有一定保湿透气性的特性，把海绵剪制成约 2 厘米长的条块，再于中间开一条裂缝作为播种时卡种而用，育苗时只需把种子往海绵缝中点播即行，然后放置一处，给予适当的浇水，等萌芽出子叶时开始改浇全价营养液，待到初露 3~4 张真叶时就可以移栽了。如果在冬季，可以把播好的海绵块整齐地放置排放至托盘上，再放到温度较高的小拱棚环境或育苗室进行加温催苗，等到达到符合移栽要求时移到温室待栽。

② 珍珠岩基质育苗，一般用于无性繁殖育苗，通常是一些木本植物，可以采用基质快繁法进行催根育苗，等到根系形成并开始长二次根时，就可以拔苗移栽，移栽时抖落清洗珍珠岩就可以作为净根苗待用。也可以是一些种子直接撒播在珍珠岩基质上，并保持一定的湿度与适宜的肥水管理，移栽时只需拔起冲洗干净即可，这种方法简单而且可以省去了海绵块育苗的一些烦琐操作。

2. 移栽定植

气雾栽培的移栽也较为简单，没有土壤移栽的整地、开穴、覆土、填埋等操作，只需把育好的种子苗或者无性苗往定植孔上塞或者插入即可，如果孔径大还可以备用喷胶棉或海绵进行填充固定。如果是种植于绷紧的黑白膜上的，可以用刀片按一定的距离与膜上划缝，再把苗小心地卡入膜缝即可，虽然刚移栽时没有泡沫板定植

无
土
栽
培

的整齐，其至有下悬倒置的苗存在，但经过几天生长后，它自然会调整方向，同样达到整齐而不影响生长。

3. 营养液配制与管理

① 营养液的配制是气雾栽培中技术要求相对较高的操作，特别是营养液配制混合时的秩序不宜搞错，否则会产生沉淀。用于无土栽培的无机营养液一般都分为 A 液、B 液、C 液，其中以钙盐为中心的元素与以磷酸为中心的元素不宜混合，而分开成为 A、B 液，另外是以微量元素的铁盐为中心的元素又区分为 C 液，在具体配制时，不能进行简单的混合，要遵循一定的次序与兑水的时间与水量，否则会造成化学反应而形成沉淀物。配制时先把以钙盐为中心的硝酸钙溶于水中冲兑有 70%总水量的营养液池中，并开启池内循环水泵进行充分搅拌，再把以磷酸盐为中心的其他各种大量元素溶解，倒入池中，并再次加入 20%的水量，再进行循环搅拌，待均匀充分后，最后再开始稀释以铁盐为中心的各种微量元素，把它倒入池中，再冲兑剩余的 10%的水量，然后再进行循环搅拌均匀即可，如果只做简单的三液混合，会生成沉淀而造成缺素症的产生。如果用的是有机肥发酵后的有机液肥进行气雾栽培，需把液肥稀释利用，一般为 200～500 倍液进行兑水。当前营养液领域的研究越来越转向有机方向的趋势，特别是一种叫作堆肥茶的有机液肥，它可以把城市垃圾或生活有机废物发酵成堆肥，再把堆肥用水进行浸泡过滤，而汲取的液肥进行营养液栽培，可以达到有机可循环持续发展的生态目的，是未来无土栽培营养液技术的一大发展方向。在气雾栽培当中运用发酵有机液肥，具有混配简单的优点，但使用时必须做好过滤工作，以防一些渣渍物堵塞喷头，而导致局部植株的失水干枯，不过只要装配质量性能较好的过滤器就可以解决。

② 营养液的管理包括彻底的换液、与中期的补充，以及 EC

值与 pH 值的调控，如果结合了计算机技术除了换液需要人工外，其他几方向的操作皆可由计算机自动控制代劳，它可以根据检测的偏差值进行科学的调控。换液管理，是由于植株的不断吸收元素后，造成元素间失去平衡，或者养液中元素吸收殆尽或者有效含量极低时，就需进行一次彻底的换液，换液外排的营养液最好把它作为基质无土栽培的灌溉液，以免外排而影响环境，这也是营养液再循环利用的管理模式，可以做到环境的保全与资源的节约。

4. 病虫害防治

气雾栽培是一种隔离了土壤的洁净化栽培，在这样的环境下本身的病虫基数就少，再加上所创造的人工环境也不利于病虫的滋生，所以病虫危害的概率也就大大降低，只要管理得当，并且严格遵循操作流程进行，就可以做到真正的免农药栽培，生产出符合健康的安全食品。防重于治一直是农业病虫害防治的策略，一旦滋生蔓延要根治就难以奏效了，所以在气雾栽培的过程中，除了做好大棚外围的防虫网隔离措施外，最好于每批菜或瓜果收获后进行一次全面的清理与消毒，以保持环境的清洁，如果再结合如黄色粘虫板或黑光灯诱杀等物理防虫治病技术，就可以做到免农药生产的最高要求。目前用于病害防治的物理方法有电功能酸水的杀菌消毒法，或者双氧水的营养液混入法，以防根病的发生，或者传染性病害的营养液交叉传染。当然系统在构建时，就于整个营养液循环系统中，装备了纳米紫外线复合杀菌器，可以让循环的供液水或者回流水都得到了杀菌净化，对于一些易通过营养液传播的土传病来说，这是一种最为高效的方法。枝叶的病害防治法，除了日常进行阶段性的空间消毒外，每茬蔬菜瓜果收获后，最好来一次彻底的病虫害大扫除，为下季蔬菜瓜果的栽培创造条件。如果蔬菜瓜果已受到了病与虫的危害，一般也是以中草医的配方或者植物性农药进行防治，这样不会对菜造成残留及环境的污染，如果是一些诸如立枯、青枯类的病害，则以发病单株整株撤除为好。通常情况下拔除病株的方法就不会对周边的植株造成传染，这是气雾栽培与其他水培或者土壤栽培所不同的地方，因为气雾环境的单株间是相对独立的，可以做到得病而少传播与扩散性感染。目前，气雾栽培总的来说，还是一种最为安全的栽培模式，病虫危害可以控制在安全范围内，不会像其他栽培模式那样难以人工控制，这也是气雾栽培最大的优势，也是推行安全型蔬菜生产的优势所在。

5. 收获

气雾栽培蔬菜的收获与其他蔬菜一样，叶菜类只要达到一定的株型与产量就可以收获，而且与土壤不同的区别，就是气雾栽培可以带根收获，以延长它的保鲜期，或者配送到家庭或宾馆后，可以把根放到水箱中进行最为生态的自然保鲜，不需放入冷柜或其他烦琐的保鲜法，这种方法可以保持蔬菜的鲜活，甚至还可以继续生长。另外，留少量的根也可以进入市场后明显地与土壤栽培蔬菜区分出来，也是一种气雾栽培蔬菜的市场标记。也可采用剪刀只取可食用部分进行收获，收获叶菜时最好要小心，轻拿轻放操作，因为它的叶片特别的脆嫩，过于粗放式采收会造成菜叶损伤而影响商品外观，而且最好在傍晚采收，此时，体内的硝酸盐含量可以达到最低，同时，叶片也比清晨更加不易折断损伤，采下的蔬菜可以进行净菜包装，也可以直接装箱发往市场，气雾栽培蔬菜最好采用小包装以占领当前的高端市场为主，而且是品牌化的包装，将会大大提高经济效益与市场竞争力。瓜果类的收获，特别是水果型番茄或者果树类的收获，最好在收获前先进行糖度的检测，与着色度的观察评定，两者达到采收标准时再行采收，或者在成熟前进行控水管理，因为只有气雾栽培才能随心所欲地进行根域水分的灵活调控，可以促成糖度积累与着色，所以当前发达国家高糖度番茄栽培大多采用气雾法，培育出的果品糖度是普通栽培所不可比拟的。为了达到最好的效益，采下的果实最好先预冷再进入保鲜库进行贮藏保鲜，再按市场价格情况分批供货上市，以达到最好的经济效益。

第六节　几种常见家庭水培花卉

1. 天南星科

天南星科花卉对水培的条件有很大的适应性，在用水插进行养殖时，大多数能在较短的时间内生根并迅速生长，并较快地形成具有一定观赏性的株形；用泥土栽培的植株水洗后，原来的根系大多能适应水培的环境。适应水培的天南星科花卉有绿萝、广东万年青、黛粉叶万年青、银皇帝、金皇后、丛生春芋、迷你龟背竹、龟背竹、银苞芋、绿宝石、喜林芋、琴叶喜林芋、绿帝皇喜林芋、合果芋、海芋、火鹤花、翡翠宝石等。

2. 鸭跖草科

几乎所有的鸭跖草科花卉都能适应水培，如紫叶鸭跖草、紫背万年青、淡竹叶、吊竹梅等，都能在水插时迅速生根生长。

3. 百合科

绝大多数的百合科花卉能适应水培，如芦荟、三角芦荟、点纹十二卷、吊兰、朱蕉、龙血树、马尾铁、虎皮兰、龙舌兰、金边富贵竹、海葱、银边万年青、银边沿阶草等。

4. 景天科

景天科花卉也是比较适应水培条件的，如莲花掌、芙蓉掌、银波锦、宝石花、落地生根等。

除此之外，能适应水培的花卉还有桃叶珊瑚、旱伞草、彩叶草、紫鹅绒、蓝松、竹节海棠、牛耳海棠、绿宝石、君子兰、兜兰、变叶木、银叶菊、仙人笔、叶仙人掌、三角竹、吊凤梨、姬凤梨、金粟兰、络石藤、龙骨、彩云阁、花叶蔓长春花、红背桂、四海波、常春藤、洋常春藤、棕竹、袖珍椰子等。

第七节　水培花卉需要注意的问题

水培花卉种类的选择，除了考虑能否适应水培的条件，还应注意以下几个因素。

一、温度条件

有些花卉虽然十分适应水培的条件，但对越冬的温度要求比较高，如花叶万年青属的有些种类和变叶木等花卉的越冬温度要求在15℃以上；绿萝、合果芋、金边富贵竹、龙血树类的越冬温度也要求在10℃以上。这对冬季进行加温的居室当然不会有什么问题，但对大多数家庭来说，要让这些花卉安全越过寒冷的冬天，还是十分困难的。有些花卉虽然在越冬后并不会导致整个植株的死亡，但由于受到低温冻害的影响，植株的叶子会变的萎蔫不振，失去应有的光泽，叶片变黄，叶尖或叶缘枯焦，或叶片上出新焦斑，其至引起大量脱叶或部分枝叶枯死，从而丧失了欣赏的价值。所以在没有稳定加温的条件时，必须注意选择抗寒能力较强的花卉种类。适宜在一般家庭水培的花卉如下。

① 抗寒性强的花卉，如万年青、络石藤、棕竹、龙舌兰、桃叶珊瑚、宝石花、海葱、花叶沿阶草等能耐0℃左右的低温。

② 具有一定抗寒能力的花卉，如龟背竹、紫叶鸭跖草、淡叶竹、芦荟、吊兰、银波锦、旱伞草、紫鹅绒、银叶菊、金粟兰、彩云阁、花叶蔓长春花、洋常春藤、袖珍椰子等，在越冬时稍加防护即可安全越冬。

当然，有些花卉如红宝石喜林芋、绿宝石喜林芋、合果芋、绿

第十章　花卉无土栽培

191

萝、虎尾兰、变叶木等，虽然安全越冬比较困难，但取材方便，生长迅速，观赏价值高，也可以考虑在春暖时购入栽养。

二、光照条件（耐阴问题）

由于室内的光照条件较差，所以宜选择喜半阴或耐半阴的花卉种类。同时，即使是喜半阴或耐半阴的观叶植物对光照强度的要求也是不同的，如变叶木、紫叶鸭跖草、吊竹梅等需要充足的散射光，但白鹤芋、绿巨人、广东万年青、银皇帝等都有着极强的耐阴能力。由于不同的居室以及居室的不同的光照条件不一样，应根据置放位置的光照情况选择合适的花卉种类，以保证花卉的正常生长和保持良好的观赏性。光照不足时会引起植株的枝叶徒长，茎干细瘦，节间较长，叶片变小、畸小，失绿并失去应有的光泽，叶片有彩色条斑的变淡褪色，甚至产生大量落叶，从而严重影响花卉的观赏性。如图10-2、图10-3所示为水培花卉。

图 10-2　市场生产的水培百合

图 10-3　水培花卉

第十一章 家庭阳台无土栽培——阳台农业

第一节 家庭阳台农业的概念、产生背景、意义及发展前景

"种花好，种菜更好"花种得好，可以欣赏；菜种得好，翠枝嫩叶和丰硕果实，不仅可供欣赏，而且能品尝到自己的劳动成果——无公害蔬菜，甚是惬意。可是生活在钢筋水泥中的城市里没有大片的土地，怎么种菜呢？没关系，小小阳台也能圆你田园梦想，引自然入室，开辟阳台菜园，种植夏日盛开的向日葵、秋日的银叶菊、冬日的彩叶芋、春日的仙客来与郁金香。当然，最方便的是种蔬菜，既可观赏又可品尝，一举多得。

一、家庭阳台农业的概念

阳台农业从字面理解就是在阳台空间上搞农业生产，它具有地面土壤空间所具的所有作用，但从技术角度说，阳台农业所涉技术更趋高新性，栽培模式更趋无土性，生产产品趋观欣赏性与自给性。

家庭阳台农业引进了阳台绿化的全新观念，以打造家庭农场为宗旨，把阳台有限的空间充分利用，采用无土栽培技术种植蔬菜瓜果，使阳台不但得到绿化，更可以使小家庭吃上自己种的放心菜，观赏、食用两不误。这种新兴的阳台种菜观念正被广大市民口口相

传，受到了家庭的青睐。

二、阳台农业产生背景

现代生活，自然空间的紧缩，工作压力的骤增，亲近土地，融入自然，这是许多都市人的梦想和渴望。追求环保、绿色、天然、低碳，已经成为当今的一种时尚，随着生活水平和生活质量的不断提高，人们在追求物质享受的同时，也需求更高的精神享受。家居布置不再满足于简单的居室风格，而是更加渴望家里能拥有新鲜和绿色。因此阳台农业就应运而生了。

三、阳台无土栽培的意义

阳台无土栽培是一个适用于千家万户，未来最具投资价值的新兴行业。亲近土地、亲近自然，是很多人心中都存有的一种最原始的情结。陶渊明依山而居，享受"采菊东篱下"的惬意；林逋"梅妻鹤子"，一生守护暗香浮动月黄昏的田园美景。当古代文人隐士们"寄情山水之间"的情愫，被现代城市的钢筋混凝土消解之后，置身于工作、生活高压下的人们，开始越来越向往"回归田园""回归童真"。拥有一片属于自己的土地，享受"自耕自作自收获"的满足感，拥有自己现实版的"开心农场"，成为不少都市人共同的心愿。

追求绿色、环保、天然是当今的一种时尚，符合现代人的需求。拥有自己的"家庭阳台生态小花园、小菜园"更是都市人的向往和追求。随着人们生活水平的不断提高，追求精神享受的思想更加强烈。人们对生活质量的要求也在发生着翻天覆地的变化，现代人已经不再满足于简单的居室装饰风格，而是更加的渴求绿色、天然，希望把自然生态的环境融入居室，在生活和工作中与自然亲密接触，达到一种轻松、舒心，让心灵回归自然，与自然和谐相处

195

的境界。

21世纪是阳台农业科技大发展的时代，"阳台生态菜园"更具有划时代意义。把菜种到自家阳台或居室，不出门就能感受到绿意盎然的生态环境，还能品尝到新鲜无公害的蔬菜，享受自种自收的乐趣。阳台不再是传统农耕的缩影，而是农业高新技术的集成，它对人们生活水平的提高，对环境美化的渴求、心灵净土的回归起到了极为重要的作用，"阳台生态菜园"不再是一葱一蒜一青菜，一盆一钵一木箱；不再是早晚浇水保活苗、拔草松土促生长、施肥打药忙成团的管理模式，而是通过科学规划与设计，用现代计算机智能技术实现了"傻瓜式"操作，一切变得有序、简单。

水声、绿意、收获、花香，"阳台小菜园"不必劳人烈日挥锄，营养液在系统中自动循环，各类蔬菜水果形成的是一道道鲜美、即食的果蔬管道。过去无土栽培是农业生产上的一项高新技术，现在通过人工智能化配套栽培技术，每个人都可以立马搬一套回家。目前国外一些城市居民吃的蔬菜有5成左右靠"自家阳台菜园"自种自吃，阳台菜园在我国台湾、香港地区以及新加坡、日本等国家已经非常普遍。产品除适合家庭使用外，还适合于酒店、休闲会所、写字楼、办公室等一些高档场所的装饰和环境的美化。

当今时代，阳台小菜园已具备进入千家万户、与广大消费者形成紧密联系的诸多条件，种植蔬菜的传统生产方式即将发生深刻变化，在讲求"亲近自然，绿色生活"的潮流下，菜园进家的革命迅速到来，阳台小菜园已成为一种崭新的家庭消费时尚。

城市化进程加骤，高楼大厦林立，人们对美化、绿化、亮化工作越来越重视，已成为城市文明的标准，但总有一个地方被大家所漠视，就是朝天的楼顶或高楼的阳台，因为这些地方采用常规的绿化技术的确有点难，楼顶夏季高温及冬季严寒，温差变化大，水分管理难度更大，如用土壤或基质栽培，浇水稍有不慎，夏天生长的植物就被烈日晒死，浇水技术不过关，也会使植物得伤寒，生理缺水死（如中午高温时浇水"刺死"），另外土层或基质层加厚虽是解决之方案，但高楼大厦进行搬土施工的确有难度，而且还会因承载过重而令人担忧，再加上现代的城市找土也难，即使有也是工程土，对植物生长也是不适宜的，针对这个被遗忘的角落，对楼顶阳台的水培绿化系统包括管道栽培与容器栽培或漂浮栽培，这些技术正是这些特殊环境绿化的最佳解决方案，能将劣势变为优势，因楼顶光照充足，有利植物生长，又无缺水之忧，另外容器或管道极轻，不会增加高楼之承重，再就是水在容器内或管道内更能实现节水，是土壤与基质栽培用水的 1/5～1/3。管理也极为方便，每隔一段时间更换营养液即可，又无病虫危害，可进行瓜果蔬菜花草栽培，不受土壤之限，安上管道后就可成绿地，设施简单易装。

第二节　阳台农业生产

一、阳台农业的设施种类

　　目前家庭阳台菜园无土栽培系统包括：梯形管道栽培装置、圆形管道栽培装置、水培立柱装置、基质培立柱装置、墙体栽培装置、芽菜立体栽培装置、小型叶菜栽培装置 7 种类型，均由栽培管道（容器）、营养液箱、输液管和支架等几部分组成。其中，梯形装置占地 0.6 平方米能栽植 45 株生菜等叶类蔬菜。墙体栽培装置挂在墙壁上，不占地面空间，能栽植 32 株叶类蔬菜。水培立柱装置占地 0.2 平方米，高度可视阳台情况而调整，能种植 60～84 株叶类蔬菜。

　　系统还包括育苗盘、育苗基质、营养液、自动供应架子、补光灯、抽水泵、定时器，以及相关的配件如喷壶、测量仪器、橡胶手套等。

二、家庭阳台菜园品种选择

阳台种什么菜，一方面要根据个人爱好和需要而定，另一方面要考虑自家阳台的环境条件适合哪些蔬菜。一般说来，如果空间允许，大多数蔬菜、瓜果都可在阳台上栽种。所谓阳台的环境条件，最主要就是阳台朝向和阳台封闭情况。朝向决定着阳台的光照条件，而阳台封闭情况则决定了阳台的温度条件。全封闭阳台冬季温度也较高，所受温度限制较小，可选择的蔬菜范围也比较广，基本一年四季都可栽种蔬菜。半封闭或未封闭阳台冬季温度较低，一般不易在冬天栽种蔬菜，夏天太阳直射导致温度过高，也要注意遮光保护蔬菜。

更重要的是阳台的朝向，在温度允许的条件下，一般要根据阳台朝向选择蔬菜。

朝南阳台为全日照阳光充足、通风良好，是最理想的种菜阳台。几乎所有蔬菜都是在全日照条件下生长最好，因此一般蔬菜一年四季均可在朝南的阳台上种植，如黄瓜、苦瓜、番茄、菜豆、金针菜、西葫芦、青椒、莴苣、韭菜等。此外，莲藕、荸荠、菱角等水生蔬菜也适宜在朝南的阳台种植。冬季朝南阳台大部分地方都能受到阳光直射，再搭起简易保温设备，也可以给冬季生产蔬菜创造一个良好的环境。

朝东、朝西阳台为半日照，适宜种植喜光耐阴蔬菜，如洋葱、油麦菜、小油菜、韭菜、丝瓜、香菜、萝卜等。但朝西阳台夏季西晒时温度较高，使某些蔬菜产生日烧，轻者落叶，重者死亡，因此最好在阳台角落栽植蔓性耐高温的蔬菜。在夏季，对后面楼层反射过来的强光及辐射光也要设法防御。

朝北阳台全天几乎没有日照，蔬菜的选择范围最小。应选择耐阴的蔬菜种植，如莴苣、韭菜、芦笋、香椿、蒲公英、空心菜、木耳菜等。在夏季，对后面楼层反射过来的强光及辐射光也要设法防御。

最适阳台栽种蔬菜如下。

（1）周期短的速生蔬菜　小油菜、青蒜、芽苗菜、芥菜等。

（2）收获期长的蔬菜　番茄、辣椒、韭菜、芫荽、葱等。

（3）节省空间的蔬菜　胡萝卜、萝卜、莴苣、葱、姜等。

（4）易于栽种的蔬菜　苦瓜、胡萝卜、姜、葱、生菜、小白菜。

（5）不易生虫子的蔬菜　葱、韭菜、蒜苗、芦荟。

花卉品种的选择上应选择一些好种易活、生长迅速的植物。大种子植物如向日葵、百日草、豌豆、南瓜等最易种植且生长迅速；也可以选择一些鲜艳、夺目的花卉，如凤仙花、太阳花、大丽花、金盏菊、黑心菊、秋菊、长春花、海棠花、鸡冠花、牵牛花、藿香蓟、香雪球、福禄考等；或选择樱桃、杏、草莓等；还可以选择芳香植物如薰衣草、薄荷、香草、罗勒等。

三、阳台菜园的土壤与肥料管理

1. 无土栽培

无土栽培就是不用土壤，而是采用基质（包括岩棉、草炭、蛭石、珍珠岩、树皮、锯末、水等）和营养液栽培植物的技术，营养液的配置要有氮、磷、钾、钙、镁、硫等大量元素和铁、锰、硼、锌、铜和钼等微量元素。营养液的配方有不同植物专用的，也有一些植物通用的，农艺市场上都可买到，可按照标签上的说明，合理配制后进行浇灌。

营养液的浇灌是无土栽培的关键，标准营养液浇灌的原则是晴天浇，阴雨天不浇；生长前期少浇，结果期多浇。营养液可回收，循环使用，一般每隔 20 天左右彻底更换 1 次营养液。

2. 土壤栽培可选用传统肥料，也可使用营养液

若用传统肥料，最好选用有机肥，包括植物性肥料和动物粪肥等，尽可能不用化学肥料，因化肥会残留酸根或盐根，盆土会变成酸性或碱性，妨碍植物的生长。农艺市场上有各种专用有机肥料，可根据蔬菜种类选择合适的有机肥。

3. 施肥技巧

① 如果蔬菜需要移苗，等到移苗后再浇灌营养液。

② 如果蔬菜采用直接播种的方法，不需移苗，那么先浇自来水，保持土壤湿润，种子发芽、种苗长出后，才能使用营养液。

③ 虽然各种植物对水分的要求不同，但基本上每天浇灌一次营养液是比较适当的。如果是叶菜，可以一天浇两次营养液。

④ 生长前期少浇营养液，结果期多浇。

⑤ 建议每周至少一次只用自来水彻底清洗栽植容器，除去容器中累积的未用肥料。具体方法是给容器浇足量的水，底部形成自流排水。这个措施能防止有害物质在培养基质中的积聚。

⑥ 有时候，可用添加了微量元素的营养液浇灌蔬菜。可以选择含有铁、锌、硼和锰的水溶性的肥料，按照标签上的说明进行操作。

4. 注意事项

滥用营养液可能存在造成蔬菜硝酸盐超标的风险。

四、阳台种菜播种、移苗

蔬菜有两种栽植方式：一种是先育苗，再移栽；另一种是直接播种。初学者往往更喜欢在农艺市场直接购买秧苗回到家里移栽，这是个简单快速的方法，但会缩小种植范围，因为直根系蔬菜如豆类、萝卜等是不便移苗只能直播的，移苗会伤害根部正常发育。而

有些是必须移植的蔬菜，如甘蓝、花椰菜、辣椒、茄子等。

1. 种子播前消毒处理

种子常常带有细菌，为减少苗期病害，保证菜苗苗壮成长，让自己和家人吃到健康的蔬菜，也避免自己的劳动半途而废，播种前最好对种子进行简单的消毒处理。将种子放在 60℃ 的热水中浸泡 10～15 分钟，然后将水温降至 30℃，继续浸泡 3～4 小时，取出晾干就可以了。对于表面不洁、放置时间很长或已被污染的种子，可采用药液浸泡法。一般常用福尔马林 100 倍液，先用清水浸种 3～4 小时，然后放入药液中浸泡 20 分钟，取出用清水冲净。

2. 催芽

种子需视情况而定是否需要催芽。番茄、辣椒、茄子、黄瓜等果菜类蔬菜种子发芽较慢，可进行催芽。催芽前必须浸泡种子，但浸种时间不宜过长。经试验，黄瓜用 1～2 小时，辣椒、茄子、番茄用 3～4 小时浸种较合适（包括种子消毒处理时的浸水时间）。育苗盘底垫几层纱布、滤纸或吸水的纸巾，用清水浸湿，把浸泡过的种子控去水，放在育苗盘中，置于 28～30℃ 的环境中 1～5 天，直至种子发芽露白，即可播种。催芽期间，如种子干燥，可加水到育苗盘中，以保持浸润纱布等铺垫物，保持种子湿润为宜。

3. 播种

直接播种的，直接将种子播种到大小适当的栽植容器中就行了。需要移植的，先选用大小适中的塑料盘、玻璃盘等容器作为"育苗盘"。容器中放入 pH 值适中的培养土（在园艺店或农艺市场就能买得到），将菜种撒播到容器中，然后覆 0.5～1cm 深的土。切记种子太深将不会发芽。

适宜的温度、充足的水分和氧气是种子萌发的三要素。要将容器放在较温暖、通风良好的地方，并适当浇水（对于大多数菜种而言，每天浇一次水为适量）。

播种前最好用 50％漂白水或其他消毒液对播种盘进行消毒，以减少污染种子的概率。

4. 移栽

秧苗到达一定大小，必须及时移到其他容器栽植。如番茄、茄子等，一般有 4～5 片真叶时，瓜类不超过 2～3 片真叶，甘蓝类、白菜类在 4～6 片真叶时移植。

移植时注意不要损伤秧苗幼嫩的根系。可在掘取菜苗前给土壤或基质充分浇水，使根部多带土壤或基质，不仅能减小对根部损伤，保证移栽后成活率。一般叶菜类栽植深度以不使最低的叶片埋没，否则易引起腐烂。

5. 植株的管理（番茄或黄瓜为例）

绑扎：番茄或黄瓜在适宜的环境下生长较快，对其枝蔓要随长随绑，所以要进行搭架以固定植株，让枝蔓更加伸展，枝型更美丽。整枝的主要工作就是打杈与摘心，也可结合扭梢与拉枝，以实现果树一般的整形效果。配合单干或双干整枝，将枝蔓引导到合理的方向，使植株充分得到光照并且不要互相遮蔽。

修剪：过多的枝叶会造成植株生长恶化，耗费养料，减少产量并且容易招致病虫害，因此有必要摘除老叶、病叶、生长过密过快的枝叶。

疏花、疏果：过多的花、果会造成植株长势衰弱，并且降低果实的品质和产量。

6. 水和营养液的管理

所购买营养液必须含微量元素。自来水常因残留氯引起生育障碍。特别是自来水未做去氯处理（晾 1 天），残留氯会引起蔬菜根腐病发生。

营养液管理，在容器内壁深度为 3/4 处做好标记，以便日后加水至刻度线。注意检查水位，当水位低至标注记号水位线下较多时即可加注清水或营养液，加至标线为止。每周添加1～2次营养液，按营养液配制的使用方法，配好后注入容器中。如果没有检测工具可以根据实际植株生长情况，每周添加1杯（250毫升）50倍浓缩营养液，每两次添加营养液之间只加清水。栽培后期的营养液换液配制时可稍浓些。在家庭栽培中为了使用方便，通常按使用说明，把预先配好的营养液，先置于一个大容器中，要用时舀取即可，但盛有稀释好的营养液的容器要避光保存以防绿藻滋生。

7. 根部氧气的管理

氧气是根部生长的必需元素，也是无土栽培产量远超过土壤栽培的原因。可以用养鱼的静音潜水泵使水在内部循环充氧，也可以用气泵把空气泵入水中。潜水泵功耗很小，可以常开，每天至少开启12小时。如果长时间不开启，植株根部会因为缺氧长势衰弱、结果减少或者引起死亡。

8. 采收

最快乐的时刻就是收获，看到自己精心浇灌的蔬菜从幼苗长到绿叶油油，硕果累累，采摘下自己辛勤的劳动成果就可享受绿色环保的美食。

采收的时候要注意通过蔬菜的色泽、质地和硬度等特征等来辨别蔬菜是否成熟，到了最佳采摘时刻。一些蔬菜如西红柿、辣椒和水果等要在果实达到一定的硬度时采收，过熟就发软了；而黄瓜、菜豆等应在幼嫩时采收，口味更佳。

最好在傍晚采收蔬菜，因为傍晚的时候蔬菜内的硝态氮含量最低。

采收青江菜、韭菜等，可摘其叶吃，而无需整株拔起，过一段时间，又会有幼嫩的叶子长出。葱在收割时，留2～3根在泥土里，不必整株拔起，这样才会继续分芽、生长。

9. 阳台菜园常见病虫害的诊断与防治

容器中栽植的蔬菜与大地栽培的蔬菜一样，也可能遭受各种病害和虫害的攻击，应注意观察蔬菜的叶、茎等器官是否生长良好以及是否出现害虫。一旦发现问题，首先要区别是否是水分、光照、温度等环境条件问题或基质肥力问题。排除这些因素后，再确定是病害还是虫害。

蔬菜病虫的诊断方法可通过各个时期害虫的形态特征来鉴别，或通过害虫残遗留物诊断。害虫的残遗留物如卵壳、蛹壳、脱皮、虫体残毛及死虫尸体等以及害虫的排泄物如粪便、蜜露物质、丝网、泡沫状物质等。

① 叶片被食，形成缺口。多为咀嚼式口器的鳞翅目幼虫和鞘翅目害虫所吃。

② 叶片上有线状条纹或灰白、灰黄色斑点。此症状多是由刺吸式口器害虫，如叶蝇或椿象等害虫所害。

③ 菜苗被咬断或切断。多为蟋蟀或叶蛾等所为。

④ 分泌蜜露发霉病。此类害虫通过产生蜜露状排泄物覆于蔬菜表面造成黑色斑点，常以吸汁排液性的害虫为主，如各种蚜虫。

⑤ 心叶缩小并变厚。甜椒和辣椒上多出现此类症状，这与螨类害虫有关。

⑥ 蔬菜体内被危害。这种害虫一般进入蔬菜的体内，从外部很难看到它们，若发现菜株上或周围有新鲜的害虫粪便且菜株上有新鲜的虫口，则可判断害虫远在菜体内危害，有时虽然有粪便和虫口，但粪便和虫口已经干涸，则表明害虫已经转移到其他地方。此类害虫多为蛾类害虫和幼虫。

⑦ 菜苗上部枯萎死亡。这表明蔬菜根部受到损害，此多为地下害虫所为，如蝼蛄、根螨、根线虫等。

⑧ 块状果实被蛀食和腐烂。如马铃薯、洋葱、蒜等的地下块根在生长和储藏中腐烂或被蛀食，此类多为象虫、根螨等居多。

根据这些特征来判定害虫并采取相应的防治措施，首先要排除其他因素的影响，如肥料或水分过多造成蔬菜苗上部萎蔫死亡等。

解决方法为预防为主，经常换气，修剪老叶、病虫叶、过度拥挤叶，使用纱窗罩住植株防虫。

第三节　阳台菜园系统六大突破

阳台菜园系统有以下六大突破。

一是首次将无土栽培营养液配方的复杂化变得简约化、易于操作化，解决了传统化学肥料配方缓冲性差、家庭小规模栽培浓度难以控制，易烧根、烧苗以及亚硝酸盐残留等问题。经过五年来几十次的破坏性试验，调配出了缓冲幅度大，操作简便的营养液配方，实现了普通市民的模糊化、"傻瓜化"、人工智能化的简易操作栽培。

二是选育了部分适合家庭栽培的广适性、营养保健型果蔬配套品种，为阳台农业的推广应用奠定了品种基础。

三是通过不同生育期的系统配套控制过程，在国内首次解决了草莓阳台水耕栽培的技术难题，也为大规模工厂化高效优质栽培生产提供了切实可行、可以借鉴栽培技术理论体系。

四是成功解决了菊苣栽培品种长期依赖进口的局面，培育了更适合国人口味的花色栽培品种，克服了红色栽培品种产量低、长势弱等技术难题。

五是充分利用作物生长空间的差异，合理搭配、最大限度地提高作物种植密度和单位面积产量。

六是可以鱼菜共生，实现生产投入品的重复循环利用，降低污染排放。

第四节 阳台农业的优势

一、创造低碳环境

据有关数据统计，在我国一幢 5 层楼房，墙壁与阳台可绿化的面积相当于建筑占地面积的 3.4 倍左右，对一些人口密集、土地紧缺的城市，发展阳台农业尤为适用。可以说阳台农业的建设是城市居民低碳生活的新模式，同时阳台农业为城乡一体化中的人居环境科学发展提供了重要的实践基础。所以阳台农业的加速建设使得提高城市低碳的端倪初显。

二、提供绿色果蔬

阳台农业就是将现代农业技术与都市家庭生活紧密结合。传统农业因土壤环境及水的污染，或者人为施用化肥、农药造成的产品及环境污染，纵然产量得以大幅度提高，但要生产真正的洁净无公害产品还有一定难度。比如现在倡导的有机农业，栽培的蔬菜常因有机物施用不科学造成硝酸盐指标超标，而采用水培或气培可以得到有效控制。采用水培、气培、陶粒培等营养液栽培后，生产出的农产品极为洁净，稍作清洗即可作为净菜销售，而不像土壤栽培，常有大量的大肠杆菌及其他病虫的存在与滋生，对人体会造成直接污染与间接危害。

三、循环利用垃圾

阳台农业所使用的种植设施，一部分是来源于专业化的无土栽培设施，而对于大部分人来说，垃圾的循环再利用可以成为更好的选择。在选择器皿时，可以利用废弃的大饮料瓶、油桶、轮胎、泡沫纸箱等进行无土种植。由于这些不可降解的材料都是有石油提炼生成的，随意丢弃会造成严重的环境污染，而利用其种植花卉、蔬菜，既节省资金，又减少了环境污染。

四、增加经济效益

目前阳台农业的研究领域已经将低碳环保、现代农业、智能控制以及家居装饰等先进技术有机地结合起来，提供无土栽培设备、智能控制设备、优良种苗等系列化产品，打造集休闲、观光、体验、养生、采摘以及低碳环保为一体的阳台农业解决方案，从而为城市住宅、庭院露台、路桥墙面、公共场所、城市绿化管理部门等用户提供一系列的阳台农业立体种植技术，对于增加城市经济效益提供了可靠的经济来源。

五、国外阳台农业

国外的阳台农业已经发展的相当成熟，屋顶绿化、空间种植利用、城市农园模式的发展，已形成了上百亿美元的大型产业。日本从2000年到2008年的9年间，屋顶绿化与种植达到约242万平方米，绿化种植率达到14%；英国甚至把林荫道修到了屋顶；德国屋顶绿化种植面积超过了1350万平方米，其都市农业属于居民生活功能型，被称为"市民农园"。德国利用屋顶绿化系统重量轻，从长远角度看具有成本低的特点，80%的屋顶绿化都采用了拓展型屋顶绿化形式，屋顶花园覆盖了整个屋顶区域，有效降低城市温度。瑞典、新加坡、加拿大、泰国、美国等，屋顶绿化、城市空间种植利用，已经成为提高城市空间绿地率最有效的方式。

六、阳台农业的发展前景

现代阳台农业具有可持续发展性。阳台农业是建立在阳台生态学、植物生理学、植物栽培学、植物营养学等基础上的一门科学，它具有比传统农业更大的发展空间与前景。传统农业在生产中常因土壤板结、盐渍化的加剧，或者污染后重茬病的出现等问题，生产力越来越低。而现代阳台农业不存在上述的这些问题。现代阳台农业在设计管理上是一种完全无污染的可循环持续发展的农业模式。栽培后残留的营养液可用气雾培实现重复利用，收获后的秸秆、垃圾，可以通过箱式或桶式发酵，提取液肥后重新返还至水培或气培的营养液中，真正实现物种间、生态间的平衡，是一种可持续无污染循环经济农业。

工业时代、知识经济时代的到来，整个社会都在快节奏地高速运转，闲暇之余也不可能有太多的精力去研究植物的栽培，但人们对回归自然的追求却是一个永恒的主题。

现代阳台农业技术是 21 世纪农业科技进步和自主创新的产物，为实现经济社会又好又快地发展做出了新的贡献。它将是城市农业产业的一大补充，成为城市菜篮子的补给工程，也将是城市建设的一次概念性革命，它将带给人们自然与美丽，激发人们以更大的热情关注自然与热爱生活，还能激发现代人产生更多的灵感及创意，为创新型国家和和谐社会的建设起到一定的推动作用。

第五节　最新阳台生态无土栽培体系

一、蔬菜有机生态型无土栽培体系（中国农科院蔬菜花卉研究所研制）

该项技术用有机固态肥取代化学营养液，在作物整个生长过程中只灌清水。采用价廉易得并可就地取材的玉米秸、葵花秸、玉米芯、废菇渣等农业废弃物作基质，可连续使用 3～5 年，降低了成

无土栽培

本。采用该技术生产番茄，每亩年产量超过2万千克，最高产量达22187.78千克，是目前最高产量水平。在简单化的基础上实现了无土栽培水肥管理的"标准化"，简化了无土栽培的操作管理规程，简单易学，实现了无土栽培养分管理的"傻瓜化"。

此项目可应用于各种园艺设施、荒滩、荒沟开发，以及在海岛和不毛之地等进行设施园艺作物生产。

该技术针对营养液无土栽培技术成本高、操作难度大、非环保、难推广等缺点，采用有机固态肥取代化学营养液，在作物整个生长过程中只灌溉清水，突破了无土栽培必须使用化学营养液的传统模式；采用价廉易得并可就地取材的农作物秸秆（如玉米秸秆、向日葵秸秆等）、玉米芯、废菇渣等农产废弃物全面取代价格昂贵的草炭和岩棉作为无土栽培基质，并可连续使用3～5年；显著降低无土栽培的成本，有机生态型无土栽培系统一次性投资较最简单的营养液基质槽培降低45.5%，肥料成本降低53.3%，基质成本降低60%；采用该技术生产番茄最高产量达到22187千克，达目前最高产量水平；将有机农业成功导入无土栽培，符合我国"绿色食品"的施肥标准，大大提高农产品品质；在"简单化"的基础上实现了无土栽培水肥管理的"标准化"，大大简化了无土栽培的操作管理规程，使无土栽培技术由深不可测变得简单易学，实现了无土栽培养分管理的"傻瓜化"。该技术2001年通过农业部组织的成果鉴定，总体水平达到国际先进水平，其中在无土栽培中采用有机固态肥作追肥为国际首创，如图11-1所示。

二、"傻瓜型"立柱式蔬菜花卉水培机

本产品主要应用于蔬菜花卉水培种植，采用营养液间歇喷射式水培技术，是当前无土栽培技术中较为先进的一种方式，立柱式蔬菜花卉水培机，如图11-2所示。产品优点有以下几点。

图 11-1　阳台生态无土栽培

图 11-2　立柱式蔬菜花卉水培机

　　① 省水、省电、使用成本低。营养液在管道内密封循环,除植物吸收和挥发少量水分外没有其他损耗。半月左右补充一次营养液即可,采用自动控制器控制间歇喷射,每月仅需 0.6 千瓦时电。

　　② 自动化程度高、使用简单。该产品采用电子自动控制,将花卉蔬菜插入定植孔中即可。使用者只需关注蔬菜花卉的生长

管理。

③ 结构简单、寿命长、可靠性好。

④ 蔬菜花卉生长迅速容易成活。蔬菜花卉生长在间歇式水培环境中，根系生长在空气中无阻碍，吸收营养氧气充分，根系发达，植物生长迅速。

⑤ 占地面积小，充分利用空间，是阳台种菜的首选设备。

种菜高手使用这种设备进行蔬菜栽培，植物的生长速度可以达到土培的 5 倍以上，产量可以达到土培的 20 倍以上。该产品可广泛用于自家花卉蔬菜的种植，亦可用于花卉租赁租摆公司出租花卉，省时省力，节省人工成本。

参 考 文 献

[1] 黄科，吴秋云. 无土栽培的现状与展望. 2001，(2).

[2] 李海燕，韩萍，穆楠. 无土栽培技术概述. 现代农业科技，2008，(10).

[3] 夏书申. 无土栽培发展概述. 世界科学，1991，(03).

[4] 张黎黎. 无土栽培技术初探. 农业科技与装备，2013，(05).

[5] 邢禹贤. 无土栽培的设施及形式. 农业工程技术. 温室园艺，1985，(02).

[6] 陈元镇. 花卉无土栽培的基质与营养液. 福建农业学报，2002，17：128-131.

[7] 王久兴. 管道式深液流水培系统的研制与应用. 2007，21 (4).

[8] 夏晓东，梁国华，陈巧敏. 工厂化无土栽培芽苗菜技术装备发展探讨. 中国农机化
    学报，1999，(1).

[9] 王久兴. 深液流管道水培系统的研制. 湖北农业科学，2008，(1).

[10] 荆延德，亓建中，张志国. 花卉栽培基质研究进展. 浙江林业科技，2001.

[11] 段静，鲁少尉. 无土栽培营养液配制与管理. 中国花卉园艺，2013，(22).

[12] 林沛林，李一平，龚日新. 无土栽培营养液配方与管理. 中国瓜菜，2012，25 (3).

[13] 耿磊. 无土栽培营养液配制供应系统的研究与开发. 天津：河北工业大学，2004.

[14] 刘聪. 无土栽培的营养液及其管理技术. 生物技术世界，2012，(10).

[15] 刘红洋. 农产品加工　创新版. 2008，(9).

[16] 李小川. 蔬菜穴盘育苗. 北京：金盾出版社，2009.

[17] 邢禹贤. 新编无土栽培原理与技术. 北京：中国农业出版社，2001.